科学新知系列

可怕的科学
HORRIBLE SCIENCE

# 密码全攻略
## CRACKING CODES

[英] 黛安娜·金普顿 原著 [英] 迈克·菲利普斯 绘 陆鸣鸣 张宝钧 译

U0257188

北京出版集团
北京少年儿童出版社

著作权合同登记号

图字:01-2009-4320

Text copyright © Diana Kimpton

Illustrations copyright © Mike Phillips

Cover illustration © Rob Davis，2009

Cover illustration reproduced by permission of Scholastic Ltd.

**图书在版编目（CIP）数据**

密码全攻略 /（英）金普顿（Kimpton，D.）原著；（英）菲利普斯（Phillips，M.）绘；陆鸣鸣，张宝钧译. 2 版 . —北京：北京少年儿童出版社，2010.1（2024.7重印）

（可怕的科学·科学新知系列）

ISBN 978-7-5301-2392-8

Ⅰ.①密… Ⅱ.①金… ②菲… ③陆… ④张… Ⅲ.①密码—少年读物 Ⅳ.TN918.2

中国版本图书馆 CIP 数据核字（2009）第 195963 号

可怕的科学·科学新知系列

**密码全攻略**

MIMA QUAN GONGLÜE

［英］黛安娜·金普顿　原著

［英］迈克·菲利普斯　绘

陆鸣鸣　张宝钧　译

\*

北 京 出 版 集 团

北京少年儿童出版社　出版

（北京北三环中路6号）

邮政编码:100120

网　址 : www . bph . com . cn

北京少年儿童出版社发行

新 华 书 店 经 销

三河市天润建兴印务有限公司印刷

\*

787 毫米×1092 毫米　16 开本　9.75 印张　50 千字

2010 年 7 月第 2 版　2024 年 7 月第 47 次印刷

ISBN 978 - 7 - 5301 - 2392 - 8/N·180

定价: 22.00 元

如有印装质量问题，由本社负责调换

质量监督电话: 010 - 58572171

# 目　录

# 简 介

你保守秘密的本领怎样？我希望你足够聪明，这样你很快就能学到很多的保密技巧。密码也很聪明，而且秘密总是很吸引人的。

但是哪里有秘密，哪里就总是有人在努力去解开它。所以一旦编码人想出一个新的密码，译码人就开始工作，努力去破译。

所以，编码人和译码人之间存在着一场永久的战争——一场改变历史、赢得战斗，还夺去了一个很重要的女人性命的战争。

这场战争继续下去，愈演愈烈，士兵、间谍、走私犯、赌徒和国王都用密码。密码让日记的内容不会被人偷看，防止魔法的咒语落入坏人手里，而且帮助一代又一代的孩子在课堂上传递纸条。

1

现在你有机会自己进入密码的世界。嘘，不要告诉任何人。戴上你的墨镜和假胡子，找一个安静的、没人看见的角落读下去。读着读着，你就会知道密码怎样起作用，怎样破译，还有，怎样解读心灵。如果幸运的话，你也会让罪犯策划的卑鄙阴谋完蛋。

但是记住——如果任何人凑过来看，马上合上书，对他说——

# 密码的由来

公元前1500年
一个古代的陶工用密码隐藏他的上釉秘方，成了首位编码人（至少是人们知道最早的）。

公元前6世纪
一位埃及壁画雕刻家，在修道院的墙上刻下："我，维克多，卑微贫穷的人——记住我。"……我们的确记住了他，因为破解了他的密码。但是没有人知道他一开始为什么选择用密码。

公元前5世纪
斯巴达人用一种特别的木棍隐藏秘密纸条，防止别人偷看。

公元8—9世纪
阿拉伯人发明"秘密分析法"——破译密码的艺术。从时间上看——编码人为所欲为已超过2000年了。

3

**15世纪末**

阿那都斯·布鲁塞拉用密码隐藏他制造"魔法石"的秘方。"魔法石"被认为可以把普通金属变成金子。但是他没提到哈利·波特。

**1587年**

苏格兰玛丽女王错误地认为她的密码无人能译，但是她痛苦地发现事实并非如此，而且为这个错误赔上了性命。

**17世纪末**

安东尼·罗西涅尔和他的儿子发明了"路易十四神奇密码"，这套密码整整有200年没有被破解。

**18世纪**

维也纳以其叫"黑室"的译码工作组的高超技艺闻名。

**1812年**

多亏俄国的严冬和译码工作人员的努力，拿破仑入侵俄国遭遇滑铁卢。

**1844年**

新发明的电报用莫尔斯密码很快地传送消息。结果是缺乏对个人隐私的保护，鼓励了普通大众也使用密码。

**1876年**

密码电报被用于操纵美国大选的结果，但电报发表在报纸上之后，1878年即被破译。

**1885年**

比勒密码索引的发布引起了寻宝热。

**1914—1918年**

第一次世界大战期间，用广播传送情报很容易被窃听，所以密码变得更为重要。这也帮助了译码人，他们有了很多可以研究的密码。

**1917年**

一封破译的电报导致美国加入第一次世界大战。

**1928年**

胡佛总统的国务卿关闭美国的"黑室"（破译密码的组织），因为"绅士不该读别人的信"。

**1933年**

在密码信息被破译后，"朗姆信使"组织因为往美国偷运酒水而被抓获。

**1939—1945年**

破译恩尼格码的仪器帮助盟国赢了第二次世界大战。

**1948年**

诺曼·伍德兰德和伯纳德·雪佛发明条形码，后来应用这项发明的技术才出现。

**1957年**

苏联情报上校阿尔贝发现用过的便笺簿的隐患——因为便笺簿暴露了他的间谍身份。

**19世纪60—70年代**

电脑用量增加，需要密码来隐藏它们包含的信息。

**1994年**

阿尔德里奇·阿姆,一个在美国中央情报局卧底的俄罗斯情报人员被捕。美国情报机构破译了他电脑的保护密码,破解了他的文件。

**今 天**

每个人都在用密码。当你在网上购物时,电脑密码保证你的信息安全;条形码让你通过超市的检测。同时,政府和罪犯继续用它们传送秘密情报。

# 密码的秘密世界

密码的世界笼罩着神秘，也充满诡计、虚假情报和明显的欺骗。但是这样卑鄙的行为有很好的理由。

一旦你破译出一个密码，你就能读出所有用它传送的消息。但是你的对手一旦发现，就会改用新的密码，你也就必须回到起点从头做起。所以敏感的译码人总对成功保持沉默，希望让编码人产生错误的安全感。

## 秘密和黑室

"黑室"不是肮脏的卧室，也不是中世纪洗手间缺少时的"解决方式"。这是破解密码的工作组，欧洲国家从16世纪起沿用至今。

每个政府都允许别的国家派驻外交官，但是又彼此不信任，所以暗中拦截外交官的信件，在送到目的地前阅读。

等一下，如果我们在读他们的信，他们可能也在读我们的。

因为猜到会发生的事，所以外交官用密码写信。因而"黑室"开始发挥作用。

18世纪，维也纳的"黑室"被认为是全欧洲最好的。它的工作方法如下：

外交官写完信用一滴蜡封住信封，并在蜡里盖上政府的印章，以方便辨认。封口的蜡被认为能阻止任何人偷读。（希望如此！）

吱吱！

信被拦截并送到"黑室"，封口的蜡被小心地用蜡烛熔化。

哎呀！

9

用手抄信——那时没有照相和影印。

我希望有新的方法做这个！

复写件交给译码人破解。

哪个是复写件？

复制一个原来的印章盖在信上，然后把信发出去。

不是那样的印章，笨蛋！

译码人对"黑室"的成功与否至关重要，所以他们如果破解出重要密码，会得到额外的奖金。结果是最好的译码人变得富有而重要，这让对他们的工作一无所知的普通人大为吃惊。

**《复辟评论》1660年**

# 来自皇宫的惊人消息

惊人的消息：据说约翰·威利斯在为查理二世工作。在整个内战期间，威利斯背叛了查理二世的父亲查理一世。他的真实身份在斗争中始终笼罩着神秘气氛，但是可靠的消息表明，卑鄙的威利斯对查理一世的覆灭起了至关重要的作用。查理一世在1649年前最终被送上了断头台。

我们的巡回记者询问皇宫，为何新国王乐意使用那个背叛他可怜的老父亲的人，还有为何付给如此容易改变立场的人那么多钱。

一个皇宫发言人回答："快滚，要不然我就把这夜壶里的东西全倒在你头上。"

那个记者不知道，约翰·威利斯是内阁的首席译码人。查理二世非常需要他的技术，所以不计较他的过去。

## 泄密的黑室

　　有时黑室不够机密，导致情报泄露。1774年，一个戴面罩的男人向法国人出售了一捆文件。文件里包含了维也纳最近破译的所有情报。

　　法国人认为这是不错的买卖——这省去了他们很多译码的工作。

## 神奇密码

　　在密码的神秘世界中，法国的名声来自"路易十四神奇密码"。它创始于17世纪下半期，它设计得如此巧妙，以致过了200年都无人能破解。

　　最终破解神奇密码的首席译码人叫艾迪安那·巴泽西。他从1890年开始研究，经过数月的工作和许多错误的开始，他最终发现了"路易十四神奇密码"的工作原理。它的全部587个不同数字中，部分代表字母，部分代表符号，一个很鬼魅的数字告诉解码人要忽略前一个数字。

被破解的秘密消息之一是关于一个谜一样的囚犯，他只被准许戴面罩走出监狱。没有人知道他是谁，但关于他的身份有很多传说。

破译的密信说，囚犯是一个叫布朗德的将军。这真令人失

望，这事实一点也不像传说或是大仲马写的《铁面人》那么激动人心。谜被揭开了，但也许没有。当需要保密时，无论是译码人还是国王都会极力隐藏真相。

## 齐默尔曼电报

有时译码人和政府都会面对这样进退两难的局面：他们成功地破解揭示了重大的秘密，他们要利用发现的秘密，但同时会泄露他们已经破解密码的事实。这就是1917年初英国截获密码电报时所发生的事。

那时，第一次世界大战已持续了两年多。敌对的双方在战壕

13

中对峙，成千上万的人战死，但战线只在前后几米范围内变化。很多国家卷入第一次世界大战，美国却仍保持中立。

当英国解码人研究这份电报时，他们很快意识到它的重要性。

# 绝密报告

**主题——电报日期：** 1917年1月16日

**发报人：** 亚瑟·齐默尔曼，德国外交部长

**收报人：** 德国驻美大使，华盛顿

**密码号：** 0075

这封电报显示德国打算鼓励墨西哥攻打美国，重夺得克萨斯州、新墨西哥州和亚利桑那州。

好消息是，如果我们把电报给美国看，可能会使他们参战，我们就能得到他们的援助。

坏消息是，德国随之会知道我们破解了0075号密码，因此会改用别的我们不了解的密码。这可就麻烦了——我们花费数月才破译了0075号密码。

在头疼一阵以后，英国人突然灵光一现。他们意识到：德国可能给驻墨西哥的大使也发了同样的消息。他们也知道那位大使从不使用0075号密码，所以猜测电报是用别的密码写的。为了证实这点，他们派特工偷取了墨西哥电报的副本。

事实让他们欣喜不已，果然，新电报是用远不如0075号那么诡秘的密码写的。英国人并不介意德国知道他们已经破解了那个密码。同时发给墨西哥的电报和发给华盛顿的电报略有不同，德国人能分辨出泄露的是哪一封。

英国人对华盛顿电报守口如瓶，但悄悄地把墨西哥电报交给美国政府。美国随之把电报登在报纸上，每个人都被德国的计划震惊了。最终这则消息导致美国参战对抗德国，促使第一次世界大战的结束。

尽管齐默尔曼电报改变了历史，却并没有泄露英国译码工作者的机密。德国认为是墨西哥版本的电报被破译，而不知道其实破解的是0075号密码。

这件事告诉我们的是：绝不可以依赖密码世界中的任何东西。即使行话也能让人迷惑，所以在我们继续深入之前，先来看看一些密码的含义。

# 代码还是密码

如果你想要破解密码，你需要知道两种密码：代码，用别的词或一组字母代替整个词；密码，用符号代替单个字母或声音，或者改变字母顺序。

尽管代码和密码不同，却经常广义地用"密码"这个词来指定。这很让人困惑，不是吗？

到了向你介绍鲁克·沃姆的时候了，他是W7号特工。他要给你这条消息：

在电影院（cinema）见面！

他不想让任何人知道你们见面的地点，所以他需要用某种方法掩饰一下消息。

他可以用代码——用一个别的词代替电影院（cinema）。

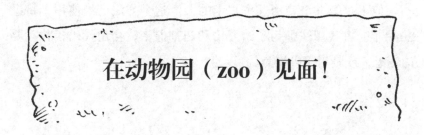

**在动物园（zoo）见面！**

或者他可以用密码 ——"cinema"里的每个字母都用字母表中的下一个字母代替。

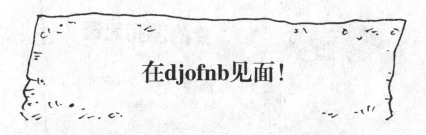

**在djofnb见面！**

当然，除非你知道密码的意义，不然哪个密码都没有用。

鲁克只用了他的代码或密码来掩饰消息中最重要的词，其他的词原封不动——用密码行话来说就是"一目了然"。

他不是第一个使用这个技术的人。这个方法已经使用了将近2000年。古代魔法师为了给咒语和药剂保密，会用代码代替重要的信息，或是用密码掩盖。

我的漂亮咒语

巫师：斯文格（甜牙）
碾碎一只干蝙蝠
混合半升龙血
加进蜥蜴的双眼搅拌
再加一只青蛙

听起来很诡异，不是吗？但是如果你知道他的密码，你就会有不同的想法。

干蝙蝠=香蕉；　龙血=牛奶；
蜥蜴　=糖；　　眼睛=茶勺；青蛙=樱桃

# 特工手册

## 发送你的报告

所有你的报告都是头等机密。不要一目了然地发送。

首先用普通的语言写报告。这是普通的版本。

现在用你的代码或者密码隐藏你的报告。这个过程叫加密或加码。

你现在有了隐藏版本的报告——代码版本或密码版本。

把这个版本发送到总部。

之后我们会把你的密码版本变回普通版本。这个过程叫解密或解码。

请注意，有如下的惯例：用小写字母写普通版本，用大写字母写密码版本。

## 不用写的密码

到目前为止，我们遇到的所有密码都是写下来的。但是，书写并不是交流的唯一方式，也不是使用密码的唯一方式。

**火**

山顶的大火是很好的信号，方圆几里都能看到，尤其在晚上。1588年，伊丽莎白时代的人知道西班牙打算进攻，所以沿着英格兰和威尔士海岸以及伦敦内陆燃起一连串火把，这叫烽火。第一个看到敌舰的人点上他的火把，下一个沿岸的人点上他的火把，这样一路继续下去，直到伦敦。密码很简单。

有火意味有西班牙军舰/没火代表没有。

这是你的错。我告诉过你湿的木头点不着！

### 手

挥手发信号很自然，但是从远处不容易看到。你可以双手各拿一面旗子，这样更容易被看到。士兵和海员曾用不同的旗子位置来发信号，每个旗子的位置代表字母表中的一个字母。这种方法叫——

SEMAPHORE

### 旗语

旗语不仅仅让人的手臂更容易被注意到。人们用旗语在船和船之间发信号已经有上千年的历史。每个国家都曾有过自己的旗语体系，但是，从1885年起，有了世界公认的旗语，这样从世界各地来的船就可以明白对方的信号。这种密码用不同的旗子代表不同的字母，每面旗子还代表一个消息。比如下面的旗子：

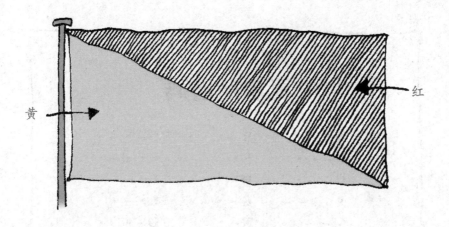

黄

红

意思是：字母 O，或"船外的人"。

## 声音

号角、鼓、口哨、喇叭和铃都能发送信号，而且比人的声音速度快得多。狗也能学会信号的意思。如果你看过牧羊犬试验，你会看到牧羊人用口哨给牧羊犬发信号，告诉它怎样赶羊。牧羊人可以用不同的口哨声区分不同的狗，这样牧羊犬就能一起工作而不会乱成一团。

## 电

19世纪30年代发明的电报带来了发送消息的新方式——电。这种方法并不复杂，只有两种选择——电线上有或者没有电流通过。你不能改变电流的大小，但你能改变电流通过的时间长短。

萨穆尔·莫尔斯是电报的发明者，他设计了一种用点和线组

21

合的方法来让电报机工作。发报员可以控制按键让不同长度的电脉冲沿着电线传递——短短一按是点号，用长一点的时间按键则是一根短线。

# 莫尔斯密码

| | | |
|---|---|---|
| A · − | B − · · · | C − · − · |
| D − · · | E · | F · · − · |
| G − − · | H · · · · | I · · |
| J · − − − | K − · − | L · − · · |
| M − − | N − · | O − − − |
| P · − − · | Q − − · − | R · − · |
| S · · · | T − | U · · − |
| V · · · − | W · − − | X − · · − |
| Y − · − − | Z − − · · | |

## 你知道吗?

莫尔斯密码对于闪光信号灯同样适用。你可以用手电筒试试向你的朋友发信号。

## 最有名的密码

尽管火、旗子和口哨有时有用，但大量的密码和代码都是书写出来的。事实上，你现在正在使用最有名的密码之一。如果你不知道这个密码，你就无法读这本书。这就是罗马字母。

等一下，这不是秘密啊！

是的，这不是秘密。虽然无数人认识罗马字母，但它还是一种密码。

这里有鲁克发来的一条消息：

## КАПТАИН КРИПТИК ИЗ ДАНЖЕРУС

这看起来很神秘，其实不是。鲁克只不过用别的字母写而已。这是古斯拉夫字母，也不是秘密——每个俄罗斯人都认识。但你可能不认识，所以读不懂他的消息，直到他把普通版本的消息给你看——

## 克瑞帕提克船长很危险

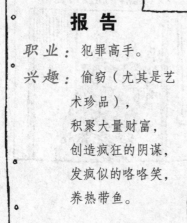

**报 告**

*职业：* 犯罪高手。

*兴趣：* 偷窃（尤其是艺术珍品），

积聚大量财富，

创造疯狂的阴谋，

发疯似的咯咯笑，

养热带鱼。

23

## 对我来说都是希腊文

公元前54年左右，罗马大帝朱利叶斯·恺撒在试图控制高卢时，很好地利用了别的字母表。他的同伴西塞罗被叛军包围，恺撒带军队出发营救。如果在他们到达之前西塞罗已经投降了的话，他们走这么长的路就会徒劳无功。所以，恺撒在出发前发信告诉西塞罗。恺撒并不笨，他不想让叛军拿到信时能读懂，所以他用希腊字母代替罗马字母写。很幸运，叛军中没有人懂希腊文。

## 遗忘的密码

写字不是秘密，但是如果每个人都忘了字母的意义，即使是这本书也会变成完全不可破解的密码。这听起来扯得很远，其实不然，过去不就曾经发生过类似的事嘛……

# 神奇的象形之谜

古埃及人使用象形文字，用小小的图画作为基础来写字，看起来是这样：

古埃及人有时竖行写，有时横行写。竖行从上往下读，横行从左往右读。但是让人迷惑的是，横行有时要从左往右读，有时要从右往左读。不过你可以通过看动物和鸟的脸的朝向来判断读的方向。

转过去——你会迷惑大家的！

埃及人用象形文字在雕塑、珠宝、墓碑和官殿上刻字的习惯持续了3000年。但是，渐渐地，他们开始使用希腊字母。牧师最晚改变，大致在公元400年才停止使用象形文字。之后再也没有人学习象形文字，所以之后没有人会读，象形文字变成了神秘的符号。

当然，刻下的字仍在。小小的图画看起来像代表物体和思想的符号，而成百上千年间每个人都相信这点。

## 罗塞塔石碑

地质学家和历史学家被象形文字困惑了很多年，他们试图破解古埃及人的密码。

1799年，他们有了重大突破。拿破仑的士兵发现了一块黑色的岩石板，发现地点在被他们称为罗塞塔的建筑旁边。

同样意义的话在罗塞塔石碑上刻了三遍，一遍用象形文字，一遍用希腊文，最后一遍用古埃及象形文字的简单书写体。这正是译码人需要的！这下要揭开这个遗忘已久的秘密，知道这些密码的意义，一下子就变得容易多了。

罗塞塔石碑

罗塞塔·琼斯

27

英国科学家索马斯·扬拿到罗塞塔石碑铭刻的拓本。他不确信符号代表的是物体和思想，认为其中至少有一些代表发音。所以，1814年，他开始研究，以求能证明自己的想法。

首先，他在希腊文里找到法老托勒密五世（PTOLEMAIOS）的名字。这给了他被译码人称为"突破口"的词——他在象形文字中也能找到相同意思的词。

然后他注意到有些象形文字上画了一个椭圆（叫椭圆形轮廓）。他猜测这可能就是他要找的——法老的名字。

扬试着用椭圆中的象形文字与"PTOLEMAIOS"相匹配，如下所示：

扬已经证明他的想法是对的——即有些象形文字代表发音。他继续对石头研究一段时间之后，停下来略作休整。扬对自己的发现很满意，发布了他到那时为止研究的成果。尽管在理解象形文字上向前迈出了一大步，但他还没有完全解开象形文字的密码。

完成这项工作需要更有热情、决心和技术的人。那是个叫让·弗朗索瓦·商博良的法国人。他10岁时第一次看到象形文字——就在罗塞塔石碑发现之后一二年间。

为有助于工作，商博良研究了大量语言，包括科普特语——已知的和古埃及语最接近的语言。他还找出能找到的所有关于古埃及的东西。用这些知识，他自己来研究罗塞塔石碑。他同意扬的发现，但他不想就此止步。他想找出关于象形文字的一切。

幸运的是，1822年，一位朋友给了他另一个铭刻的拓本，同时带希腊文和象形文字的版本。时机太合适了——这正是商博良需要的。新版本包含Ptolemaios和Cleopatra两个名字。他又一次很容易地观察到名字被写在椭圆形轮廓里。

商博良比较了两个名字，成功地解答出代表Cleopatra的符号的意思。

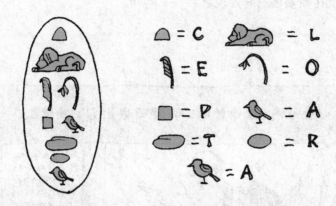

但他仍没有解开密码，一个很大的障碍就是Ptolemaios和Cleopatra不是埃及人名。也许象形文字只在书写外来文字时代表声音。

商博良能推翻这一想法的唯一方法是找到用同样方法书写的埃及人名。但他在罗塞塔石碑上无法找到，在朋友给他的铭刻拓本上也无法找到。

这一年，商博良的研究有了真正的巨大突破，在另一个拓本上，他找到了一组用椭圆圈起来的象形文字。

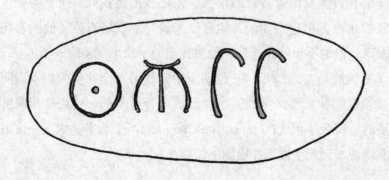

他已经知道末尾的符号意味着"S"，不过不知道其他的，于是他连续有了两个灵感。

灵感一：

第一个符号看起来像太阳，科普特语中代表太阳的词是"RA"。

哪个法老的名字用"RA"开头，用"S"双写结尾呢？

灵感二：

拉美西斯！
（RAMESES!）

拉美西斯是最有名的法老之一，更棒的是，他的名字的确是埃及语。商博良证明象形文字在古埃及词中也代表发音。

他飞奔向他的兄弟，告诉他自己最终解开了密码，但他晕了过去——他经常这样。

他一醒来就继续工作。直到1824年，他出版了一本书让全世界分享了他的发现，他实现了自己的雄心壮志——解开象形文字的密码，揭开了古埃及之谜。

# 隐藏的信息

　　一种为信息保密的方式是隐藏，就是说只有接受者能找到信息。

　　古希腊有一个叫哈帕戈斯的首领把纸条放在猎人扛的兔子体内，敌人检查时没发现可疑的东西，于是就让猎人通过了，这样，很重要的情报就被安全转移了。

　　另一个叫黑斯塔耶斯的古希腊人剃光了他的一个奴隶的头发，把机密情报写在头顶上，然后，他等到奴隶的头发长出来后，把他送到他的女婿那里，并且指示他把奴隶的头发剃掉。

抹上这个！这是紧急情报！

养发水

　　隐藏秘密信息是好主意，即使信息是用密码写的，如果没人看到，那么即便是最聪明的译码人也不能破解。

　　20世纪的间谍把情报藏在空柄的牙刷里，或者藏在空心的假电池里和门柱的洞中。（当然，门柱太重拿不走——间谍把它当邮筒用——留下情报，等别人来取。）

33

## 镍币中的纸币

现代间谍经常给机密情报拍照，拍摄用的微型胶卷可以放进任何一个小地方。有时，胶卷甚至小到可以代替这本书中标点符号中的一个圆点。用一个这种微粒，你可以给鲁克发一封平常的信，再把机密胶卷藏在标点里。

把纸条藏在看起来平常的东西里很不错，只要你不弄丢门柱——当然不太可能会弄丢。1953年，一个叫杰米·伯·扎特的男孩正在纽约卖报，当他把一枚镍币掉到地上时，他吃惊地发现硬币裂成了两半。他在里面找到了只有1平方厘米大的一卷胶卷，

胶卷上拍了数行数字的照片。这是用密码写的机密情报。

杰米把胶卷交给了警察，警察立即交给中央情报局，但没有专家能破解密码，所以过了四年也没人知道情报上到底写的是什么。

之后，译码人的好运来了，一个投靠了美国的苏联特工告诉了美国人这种密码的工作原理。终于，在很久之后，他们能读懂镍币中的纸条了。但令人伤心的是那封信里并没有任何令人震撼的消息，只是一封对新到的间谍的欢迎信。

## 隐形墨水

如果你不把信息隐藏在东西里，你可以尝试用隐形墨水写。从罗马时代开始，人们就使用柠檬汁和醋写信，写出来的东西干的时候看不到，但湿了以后会变成褐色。

当然，间谍手头不总是有柠檬汁和醋，不过有另一个天然的隐形墨水，即使被捕尤其是突然被捕也可以使用，这就是尿液。

亲爱的上司……

# 消息中的消息

想象你在暗中努力破坏克瑞帕提克船长的下一次重大抢劫计划，你需要向鲁克汇报，但是你知道船长和助手——缔伯斯在检查你发的所有信件，如果写一封明显带密码的信马上会引起他们的注意——即使用隐形墨水也无能为力，因为这点也是他们的检查内容。

解决方法是把机密消息藏在看来完全普通的信里，这听起来很难，但做起来方法可不少。

## 标 记 信

要用这种方法，你需要一张普通的报纸和一枚针，你可以在报纸上用针在适当的字母下扎孔，拼成你的消息。

> Politicians and secret agents are annoyed at the publication of an amazing new book called *Cracking Codes*. "Secret codes should remain secret forever," whispered one spy. "ODVLXPZEJINYQ," said an expert in ciphers.

（protect mona lisa 保护《蒙娜·丽莎》）

（因为我们不能在这本书里扎针，所以用圆点代替针孔。）

现在把报纸寄给鲁克，表面看这只是平常的报纸，船长和缔伯斯不会发现你的秘密消息，但鲁克把报纸朝着阳光就能看到针孔，从而读出消息。

如果你手边没有报纸，你可以给鲁克写一封完全普通的信，然后用针孔技术标记字母。如果愿意的话，你可以把那些要标记出来的字母写得比其他的略小，或者用不同的字体打，但这很难做到。

## 加入附加的字母

加入附加的字母，叫做"空符"，这样做能让信息变得难读很多，比如下面的信，你应该隔一个字母读一个字母。

**TAHPICSRWEONRAKTSERIEJAPLRLTYAWOEKLNLY**

看起来加入的附加字母很不明显，不幸的是，这种信看起来很可疑，会马上引起船长的注意。你需要选择让信息看起来普通的字母，而且在重组的句型中包含你的秘密信息。比如，在下面附的信中，关键字母是每句话的第一个字母。

How are you? Everything is going well here. Lunch was lovely today. Perhaps tomorrow's will be too. Most meals here are good. Eventually I'll put on so much weight that I'll have to go on a diet.

（HELP ME 救救我）

如果你想让信更难被发现，你可以不用第一个字母，用句子中的第二或第三个字母作为关键字母。

这种隐藏消息的方法在战争中尤其有用，政府会检查信件中是否有敏感的情报。间谍用这种方法发送船只移动的报告，士兵用这种方法告诉家人自己的位置。这也能帮助魔术师表演"猜测心灵"的魔术。

# 神秘的猜测心灵魔术

魔术过程：你从观众中选一位志愿者让他借你一枚硬币，你和你的助手不碰硬币，但允许观众检查硬币是否特别。选5位志愿者上台，面朝观众，你离开房间，提供硬币的人把硬币交给5人中的任意一人，硬币可以坐在屁股底下，也可以放在口袋里。

一旦大家就绪，你的助手就把你叫进来，你轮流走向5人中的每个人面前，把你的手放在他们的头上，这样你能猜测他们的心灵来找到硬币，最后你选出保存硬币的那个人。

## 真相

在开始魔术前，你和助手约定一个关键词，任何词都可以，只要拼写简单。刚才的情况中，关键词是TIGER（老虎），有5个字母，所以你选5个人上台来；如果关键词是HANDLE，你就需要6个志愿者。

在你的脑子里，每个人都代表一个字母如下：

助手把你叫进来时，他说的第一个词就代表选中的人的字母开头，例如：

"Time to come back in."（该回来了。）代表第一个人。

"I think we are ready."（我想我们已经准备妥当。）代表第二个人。

"Great news we're ready."（好消息，一切就绪了。）代表第三个人。

"Everyone's ready."（所有人都准备好了。）代表第四个人。

"Ready."（准备好了。）代表第五个人。

你在走进房间前就知道答案了，所有挥手和繁文缛节只是为了让观众相信这是个魔术。

## 巨大隐患

用附加词隐藏密码时，在长的信中隐藏短小的信息比较好，短的信中隐藏长的信息听起来比较困难。比如下面这个：

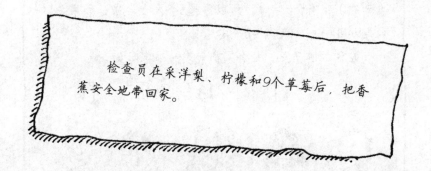

检查员在采洋梨、柠檬和9个草莓后，把香蕉安全地带回家。

战时，审查机关会检查所有邮件时，确信没有人把情报报告给别人，当发现读着古怪或拗口的信时，译码人就用别的方式写出来，看看是否能发现隐藏的消息。把单词用竖行——罗列，很容易找出古怪的句子中隐藏的秘密。

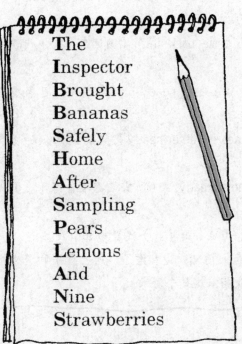

The
Inspector
Brought
Bananas
Safely
Home
After
Sampling
Pears
Lemons
And
Nine
Strawberries

（Tibbs has plans缔伯斯有个计划）

　　本章所有隐藏的消息都一目了然了，谁都能找出来，都能读得懂。这样发送消息用来取乐那还好，但如果你要发送的是真的秘密就不合适了，你要按照间谍的方法，用中空的硬币或用密码和机密代码。

　　让我们来看看这些方法是怎么起作用的。

# 简单的密码

有两种完全不同的密码：

## 特工手册

替代密码：用别的符号、字母和数字代替你的消息中的每个字母。

转换密码：把字母用别的顺序写，帮助你把消息的外形搞乱。

从古代起人们就用这两种密码。但是现在让我们注意替代密码（下章我们会看点别的）。

从理论上说，你能用任何你喜欢的符号，所以这个密码实际上不会出错，比如像下面这样：

普通字母 a b c d e f g h i j k l m n o p q r s t u v w x y z

密码　　 = % $ # @ ! ^ & * > ? < \ © ± » ® ÷ µ ] § [ / Ø æ ¿

问题是你很难记住哪个符号代表哪个字母，也就是说你必须有一个副本帮助你解码。鲁克也需要一个副本来解码。但如果其中一个副本落入克瑞帕提克船长手里，他也能解码，这样你们的秘密就不再是秘密了。

如果可以不用书写出来副本对照表，而用易记的密码，那就好很多了。

# 猪舍密码

一种外形古怪的符号密码已传递了数百年。没有人明确知道猪舍密码是什么时候发明的，但密码被一个叫"自由石匠"的秘密社会所使用，也被美国内战时的盟军所使用。更近一点，密码被店主用来标记他们库存的信息，因为他们不想让顾客知道。

我会用密码标记我的货物引进的价格，这样就没人知道我的利润啦！

为了制定密码字母表，你把普通字母表中的字母写在一系列方格中，如下：

每个字母代表的符号在方格中有一个位置，比如：□代表E，
⚬代表Q，＞代表X，完整的密码表如下：

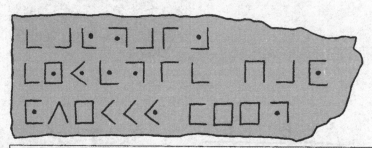

你知道的东西很有用，因为鲁克刚发给你如下的消息：

鲁克的猪舍消息说："Captain Cryptic has smelly feet（克瑞帕提克船长的脚很臭）！"

你用不同顺序写字母，能让猪舍密码更难破解，但这种密码知道的人太多，对于重要而机密的消息而言，还是不用为好。

# 波利比斯棋盘

另一种以电报为基础的密码在几十年前被发明了，发明人是一个叫波利比斯的希腊人。

他用5×5的棋盘写密码字母表，因为希腊字母只有24个，除一个方格空白外，其余的位置正好合适。但英文字母有26个，所以其中一个方格需要包含两个字母，通常是I和J，完整的密码表如下：

|   | 1 | 2 | 3 | 4 | 5 |
|---|---|---|---|---|---|
| 1 | A | B | C | D | E |
| 2 | F | G | H | IJ | K |
| 3 | L | M | N | O | P |
| 4 | Q | R | S | T | U |
| 5 | V | W | X | Y | Z |

如果你用俄语发消息，你就需要6×6的棋盘，因为斯拉夫字母表中有33个字母。

每个字母用棋盘上指示位置的数字表示，如B的位置，横行是1竖行是2，这样B是12，同样，X是53。

## 敲敲看，谁在那儿？

波利比斯方格是敲击密码的基础——这是一种在地牢和监狱里使用了很多个世纪的方法。囚犯在监狱墙上敲出消息，在两个组成字母的数字间稍稍停顿，在字母之间做长一点的停顿。操作如下：（每个字母一行）

嗒嗒　嗒嗒嗒

嗒　嗒嗒嗒嗒嗒

嗒嗒嗒　嗒

嗒嗒嗒　嗒

嗒嗒嗒　嗒嗒嗒嗒

敲击密码说："Hello（喂）！"

46

## 恺撒的密码

恺撒只用希腊字母表帮他发送秘密消息——我们在第24页看到的。不过他最著名的技术是他使用的密码与普通字母表相比，向后移动了三位。

普通字母 a b c d e f g h i j k l m n o p q r s t u v w x y z
密码　　 D E F G H I J K L M N O P Q R S T U V W X Y Z A B C

用这个密码他的名字将是：

**MXOLXV  FDHVDU**

这种密码叫恺撒移位，理由很明显，你不必局限于把字母移动三位，你可以移动任何位数。

## 好消息

只要鲁克知道移动的位数，当他需要破译你的消息时，他随时可以翻译，只要你们完工后都把密码毁掉，那么船长或其他任何人都不会发现。

## 坏消息

恺撒移位只有26种可能性，其中还包括一种完全没用的，就是和字母表一样的那种。一旦意识到你在用这种方法，破译人就会尝试着每种移位的可能性，直到找出起作用的为止。

# 关 键 词

另一种易认的密码字母表是用关键词。首先你们需要记牢一个不可能忘记的词、词组或一些字母的顺序，然后写在密码字母表的开头，已经用过的就不要用了。

如果你和鲁克商定关键词是catfood（猫食），你省略一个O，写为：

普通字母 a b c d e f g h i j k l m n o p q r s t u v w x y z
密码　　 C A T F O D

然后你按顺序完成字母表中剩余的，从关键字的最后一个字母开始，省略用过的字母。

普通字母　a b c d e f g h i j k l m n o p q r s t u v w x y z
密码　　　C A T F O D E G H I J K L M N P Q R S U V W X Y Z B

如果你记住关键字，你能在任何想要的时候重建密码字母表，也就是说你不必写下来。这样克瑞帕提克船长就不会发现了。更好的是，即使他们去轮流试验字母表的可能性，也不可能解开密码了，因为这种排列有超过 $4 \times 10^{26}$ 种的可能性！

## 你急于知道为什么，是吗？

当你选择密码字母表的首字母时，有26个字母可供选择，然后选第二个字母，一个已经被用了，那么有25种选择，第三个有24种选择……

所以，密码字母表的选择数应该有：

$26 \times 25 \times 24 \times \cdots \times 3 \times 2 \times 1$

=403 291 461 126 605 635 584 000 000种。

## 首次破解

编码人用自己的方式编码已经有超过2000年的历史。

尽管希腊人和罗马人用密码，他们却没有办法破解自己不知道的密码，他们依靠猜测凭运气帮他们解开谜底或劝说发信人，让他们自己泄露秘密。

但是，后来发生了让编码人信心受挫的事。公元8世纪和9世纪，阿拉伯人忙于研究书面语言，作为一部分，他们统计了字母出现的频率（每个字母在某篇文章中出现的次数），发现有些字母比其他字母用的次数更多。更重要的是，在同一语言中，频繁使用的字母在任何长篇的文章中使用的频率相同。

没有人确切知道他们是什么时候意识到这个发现有助于破译密码的，但他们那么做，既创造出了一种艺术，也创造了最有力的工具——频率分析。

你可以数数想要破译的密码中每个字母的出现频率，然后把结果和字母在同一语言中正常的频率相比。

如果你不知道消息是用哪种语言写的，频率分析有时能帮你决定。

不幸的是，这种方法并不可靠，总有可能使得原始消息的字母分布不正常。

### 你知道吗？

E是英语和法语中最常用的字母。但1969年，乔治·派瑞克成功地写了一整本法文书，书中不含一个"E"，书名叫《消失》，书被译成英语，叫《缺失》，同样避免了使用"E"。

EEEEEE……这就是间谍！

尽管有困难，频率分析仍是对编译人有价值的工具，能帮助他们找到密码的缺口来破译。

## 揭开秘密

鲁克成功地截获了缔伯斯发给克瑞帕提克船长的信：

```
SUTJ  BTGLTYE  BJQGLYB  KUNUELUUE  IFPUK
FV  ZUOUCK  TJU  IUYEW  KUEL  LF  VJTEBU  FE
OUSEUKSTQ  Y  BTE  KLUTC  LXUD  OYLX  LXU
XUCG  FV  LXJUU  DUE  TES  T  WULTOTQ  BTJ
IUKL  OYKXUK  LYIIK
```

缔伯斯不擅长外语，所以鲁克确信这是用英文写的。很幸运，缔伯斯也不擅长密码，所以他只用了一个简单的密码，即便如此，密码信看起来毫无意义。让我们努力帮助鲁克破译吧。

我开始数所有字母的使用频率，U出现的次数最多，所以我猜"u"代表"e"，因为在英语中"e"最常用。

别急，这只是猜测。如果错了，我们还可以从头开始。译码人经常以大量的猜测和错误开始。

很幸运，"Y"和"T"单独出现在信中，那意味着其中一个代表"i"，另一个代表"a"，但还不知道哪个代表哪个。要找到点儿别的来帮我们破解。

现在我们需要想想 "dear" 可能指什么,所以让我们看看缔伯斯信中前三个词告诉我们什么。

普通字母　　　dear　　a　　ai　　r　　i
密码　　　　　SUTJ　BTGLTYE　BJQGLYB

"a"、"i" 和 "r" 在我们预计会出现的地方。如果第二和第三个词是 "Captain Cryptic"(克瑞帕提克船长),就有另一个线索——两个词都用同样的字母开始,第二个词用同样的字母结尾。

看起来似乎真的有成果，现在，如果缔伯斯用"Dear Captain Cryptic"（亲爱的克瑞帕提克船长）开头，他很可能用自己的名字结尾。让我们看看信的最后一个词，看看我们已经知道了什么。

| | |
|---|---|
| 普通字母 | t i |
| 密码 | LYIIK |

用"ti"开头，有个双写字母，所以似乎最后一个单词真是"Tibbs"。

现在我们知道四个单词的意思，我们也知道那些词中所有字母的意思，让我们写出来，看看信中剩下的内容能理解多少。

```
dear captain cryptic se enteen b  es
SUTJ BTGLTYE BJQGLYB KUNUELUUE IFPUK

   e e s are bein  sent t  rance  n
FV ZUOUCK TJU IUYEW KUEL LF VJTEBU FE

   ednesday I can stea  t e   it  t e
OUSEUKSTO Y BTE KLUTC LXUD OYLX LXU

   e p   t ree  en and a  eta ay car
XUCG FV LXJUU DUE TES T WULTOTQ BTJ

best   is es tibbs
IUKL OYKXUK LYIIK
```

我们可以继续猜信中别的单词的意思，但首先看一下我们已经破解的密码字母表，看看能不能猜出关键词。

| 普通字母 | a | b | c | d | e | f | g | h | i | j | k | l | m | n | o | p | q | r | s | t | u | v | w | x | y | z |
|---|---|---|---|---|---|---|---|---|---|---|---|---|---|---|---|---|---|---|---|---|---|---|---|---|---|---|
| 密码 | T | I | B | S | U | | | | Y | | | | | E | | G | | J | K | L | | | | | Q | |

缔伯斯记住了双写字母只用一次，所以从u开始，密码字母表是按字母表的顺序，所以我们可以很容易完成了表中的空缺，揭开了信的其他内容。

如果你不想自己破解，答案在下页。

55

**答案**

亲爱的克瑞帕提克船长，周三有十七袋珠宝送往法国，给我三个人和一辆捷威轿车，我就能偷到这些珠宝！祝福。

締伯斯

破译那些密码真是简单无比。但締伯斯是世界上最糟糕的密探之一。他的密码犯了好几个错误，使我们的工作更简单了。

## 他在词与词之间留下空格

这帮助我们发现单字母词，马上分辨出代表"a"和"i"的密码字母。也帮助我们发现诸如"Captain""Cryptic""Tibbs"这样的单个词。

为了防止译码人破解，聪明的编码人把词和词之间的空格去掉，让字母连在一起。然后把字母按五个或六个分组。这样即使是没有密码的信看起来也令人迷惑：

**THISM      ESSAG      EISNO      TINCO    DEBUT
ITISH      ARDTO      READ**
(这条信息没有密码，但也很难解读。)

## 他在可预测的地方用可预测的词

他可是非常礼貌，让我们很容易地猜测出信的开头和结尾的词。一旦我们猜到开头和结尾的词，就能猜到密码字母的意义，用来破解密码。

要防止发生这样的事情，聪明的编码人尽可能避免使用可预测的短语。但是，再有经验的人有时也会掉入陷阱中。

**你知道吗?**

第二次世界大战期间，一个叫吉格的德国上尉一直给他的士兵写信，鼓励他们用密码。但是他在每封信的结尾都写上自己的名字，无意中给了敌方一个突破口，破解了吉格一直努力保护的密码。

谢谢你吉格上尉!

嘘!

## 他用短小的关键词

借助短小的关键词，缔伯斯发明了一种字母表，其中大多数字母按普通字母表的顺序。这样却很容易发现密码词，猜出密码字母。聪明的编码人会用长一点的关键词，这样比较难破解。

## 他用明显的关键词

我们成功地用所知道的词破解出关键词。但是即使我们只破解出两三个字母，也能猜测出关键词，因为关键词太明显。如果缔伯斯用一个随机顺序的密码，我们会发现难度大多了。但问题是，要记住一个类似"SQHYTPKBX"的词很难。

缔伯斯

## 打破频率统计

我们使用频率统计破译出缔伯斯的密码，这也不怪他。这是所有用一个符号代替一个字母的密码的共同弱点。

聪明的编码人总是在寻求打败频率统计的最好方法。有一种方法是用代码代替密码。

# 密码名和密码对话者

适当的密码用别的词、数字和不拼单词的词组来代替整个词。结果是：密码中的字母频率和普通情况下完全不同。这样频率统计无法帮你破解密码。如果用数字代替，甚至没有字母可统计。

一个很大的障碍就是，如果你想用代码处理每种可能的情况，你就需要一本密码手册罗列出所有单词、所有地名和名称——如人、猫、狗、马和仓鼠的替代方法，词太多了，你的密码手册会大得惊人、重得可笑、无处可藏。

为了避免这种困难，编码人这样处理——他们只为最可能替代或最重要的词发明替代的词。有时候甚至把无关紧要的词写得一目了然，像第18页斯文格在他的食谱中那样写。

1400年左右，开始流行把代码和密码相组合的密码体系，这种体系深受国王、王后和外交官的喜爱。他们喜欢长的词，所以把这个体系叫做"nomenclators"(命名法)。

## 过度相信密码的女王

无法用频率分析解开密码并不意味着密码从此变得十分安全。幸运的猜测、推理和偷取密码手册都能帮助解开密码。

历史上很多人相信他们的密码是不可破解的。不幸的是，最后他们常常痛苦地发现自己错了。比如苏格兰女王玛丽就是其中最后的一位。

玛丽是英格兰女王伊丽莎白的表亲，但是人们想让玛丽取代伊丽莎白当女王。所以伊丽莎白把她囚禁起来，以免横生事端。

玛丽对此很怨恨。即使关在很舒适的房间里，年复一年的囚禁也无聊之极。

日记
仍在押！
仍无聊！

啊！玛丽大错特错了。她的密码看起来复杂，但是并非不可破解。

这种"命名法"是这样组成的：

▶ 用一个符号代替字母表中的一个字母。

▶ 用一些不包含意义的附加符号（空符）来迷惑译码人。

▶ 用一些符号代表单词。

不幸的是玛丽的编码人不太聪明，他们犯了个大错。他们只用符号代替普通的词，像"the（这）""and（和）"和"when（何时）"，而重要的词像"杀死""谋杀"和"逃跑"以及人的名字则必须用密码拼出来。这是个愚蠢的办法。一旦译码人破解密码，就能读出所有重要的词并且很容易猜到别的词。

这对伊丽莎白来说太好了，对玛丽来说却是致命的。

**1587年**　　　　　**都铎时报**

# 玛丽因为密码掉了脑袋

　　玛丽，苏格兰女王，昨天最终掉了脑袋。这个诡计多端的王族女子阴谋杀害我们敬爱的伊丽莎白女王。但是她低估了宫廷译码人的本领。他们巧妙地破解了通过双重间谍吉尔伯特·吉福德传递的信件。信里泄露了她的邪恶阴谋。《时报》评论："玛丽罪有应得！"上帝保佑了我们的女王！

## 未解的王家密码

　　玛丽并不是唯一使用密码的皇室囚犯，也不是唯一掉脑袋的。1648年，查尔斯一世被关押在怀特岛的城堡里。因为刚刚在内战中失败，他厌烦透顶，想要逃跑。

　　和玛丽一样，他和外面的朋友阴谋策划；和玛丽一样，他也用密码隐藏计划。但是他的密码比她的复杂得多，使用数字代表单词而且从来没有被破解过。即使现代的译码人也无法在他阴谋越狱前破解密码。（如果你认为你可以，可以看城堡博物馆里的信。）

没破解的密码虽然让他的信保住机密，但是他的逃跑计划还是以失败告终。他贿赂两名守卫帮助他，但是他们改变了主意并且提醒了别的守卫。这样，像玛丽一样，他被锁起来；像玛丽一样，他被砍了脑袋。这说明即使再强有力的密码也不是总能解决难题。

# 密码名

正如玛丽女王没有提前发现的那样，需要用代码代替信中关键的词。有一些最重要的词是人名和地名。用密码名代替会让局外人无法理解。

---

**暴龙傍晚将要袭击翼龙。**

---

这封来自鲁克的信听起来好像来自侏罗纪公园，除非你知道暴龙是密码名——代表犯罪调查小组，翼龙代表缔伯斯的隐匿处。

兄弟，现在谁都知道了。

　　并不只有人名和地名有密码名，有时也指事件。在第二次世界大战中，同盟国入侵法国被叫做"超载"，入侵南非叫做"火把"，研制原子弹叫做"曼哈顿计划"。

## 密码名的优势

　　只有当对手不知道密码名的意义时，密码名才能起作用，但是聪明的译码人有时用诡计来帮助他们解开密码。

　　1942年，美国人遇到一个难题：

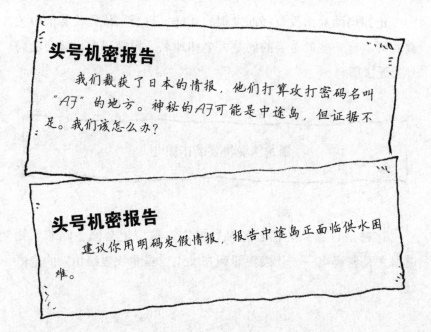

**头号机密报告**

　　我们截获了日本的情报，他们打算攻打密码名叫"AF"的地方。神秘的AF可能是中途岛，但证据不足。我们该怎么办？

**头号机密报告**

　　建议你用明码发假情报，报告中途岛正面临供水困难。

　　计划起作用了，日本军队获得假情报后，用"AF"这个密码名代替中途岛发情报。这下美国人立刻确定日本要攻击的地方了。这个预先的警告帮助他们打赢了中途岛海战。

## 电报难题

在19世纪30年代电报出现之前，传递消息并不难，写封信用胶水贴上邮票寄出去就可以。如果你是普通人，你的信件就不太可能被拦截，那么你可以十分自信——除了你要寄的人没人会读到信。

电报戏剧性地改变了这一状况。你现在能迅速地发信给千里之外的人，但是却无法保密。因为电报是这样发的：

你写好信……

交给发报员……

发报员读完信用莫尔斯电码发信。

另一端的发报员收到电码后重新写出信。

嗒！嗒！

送电报的男孩把信交给收信人。

你读过吗？

没有！

就这样，你的信总是被至少两个发报员读过，信的内容无法保密。

电报难题引发了人们对密码和代码的浓厚兴趣。之前只有间谍、外交官和士兵用密码，而现在普通人，例如恋人和生意人也想用了。

## 钱的作用

人们对于密码的兴趣还不仅仅是为了保密，另一个原因是金钱。电报十分昂贵，而且字数越多越贵，用一个密码词代替整个短语便宜多了。

开始的时候，个人或者公司自己编密码。不久以后出版商也参与进来，编写人人能用的密码书。让人眼花缭乱的长短语，在书里用一个词就代替了。比如说1897年出版的《统一电报编码手册》，其中包括：

**Ancilla**

（现在仅仅指都是女孩的双胞胎。）

**Cistifer**

(这表示有狂风，建议离开。)

**Natatio**

(被无限期推迟的婚礼！)

一般情况下，密码手册个头笨重，好在只用一次，书厚点也不要紧。并且因为这种密码书不是秘密，所以不需要藏起来。

## 用语言作密码

有一种方法可以避免用厚厚的密码书，就是把你的密码用别的语言写。这个方法在战场上尤其管用。要是你坐在泥浆里，子弹嗖嗖地从耳边飞过，要不犯错地写下密码消息求救可就难啦。用你知道的别的语言写，又快又容易。

可是不要用法语或德语，因为这两种语言太有名气了。你要选一种只有你的人可以理解的语言。

67

## 纳瓦霍语

美国在第二次世界大战期间作出一个重大选择——用一种印第安语言纳瓦霍语作密码。这是一个叫菲利普斯·约翰斯顿的一位美国人出的点子，他从小在纳瓦霍人中长大。他的纳瓦霍语说得非常流利，他觉得外人要理解纳瓦霍语实在太难了。

尽管纳瓦霍语看起来是理想的编码选择，但是纳瓦霍语里没有像机关枪、战舰这样的军事用语。所以约翰斯顿和一组纳瓦霍志愿者设计出替代的词，给船起鱼的名字，给飞机起鸟的名字。这样，战斗机用纳瓦霍语里的"蜂鸟"代替，俯冲轰炸机用"苍鹰"代替，战舰是"鲸"，驱逐舰是"鲨鱼"。

国家也有密码名——英国是"水之间"，美国是"我们的母亲"，意大利的名字来由就不那么好理解，叫"结巴"。甚至标点符号也有密码名——逗号叫做"带尾巴"。

密码对话者在心里记住密码，这样就不会有写下来的东西被敌人截获。发送信息时，他们一边在心里编码一边在广播中播送，然后由在广播线路另一边的密码对话者来破译密码。整个过程比传统的纸笔翻译快多了，也更加可靠。

### 你知道吗？

在1945年争夺硫磺岛的激烈战斗中，这些密码对话者发送和接收了超过800条密码，无一出错——在危险环境中的巨大成功。

有时信息包含名字和其他在纳瓦霍语中没有对应语的单词，需要密码对话人拼出。为了做到这点，他们用字母表中的每个字母代表一个密码词。为了让密码难译，大多数字母都有两个到三个不同的词义作为选择，记住字母表就记住了60多个词。

但是密码对话人有时会遇到困难。没听过纳瓦霍语的美国士兵有时会把它当成日语。

纳瓦霍密码从未被破译过。这个密码太重要了，为了可以再次使用，在战后很多年仍是头等机密。

## 书密码

另一种避免大本的密码书的方法，是把你的密码建立在一本普通书的基础上。如果你是特工，这种方法特别有用，因为你能随身携带却不会引起任何人的怀疑。

确信你和收信人用同一版本的书，不同版本的书在相同位置的词不同。

用书密码代替你的信中的词的方法：

1. 在你的书里找到那个词。

2. 写下书的页码。

3. 写下句号。

4. 写下第几行，开头的是第一行。

5. 写下句号。

6. 写下是行中第几个词，从左边数起。

所以，340页第15行的第三个词的密码是340、15、3。

## 书密码蓝调

书密码听起来很方便，你可能会想：为什么别人还要用别的密码呢？如果你想要明白为什么，试试看在这本书里找到"克瑞帕提克船长想要缔伯斯发一条密码消息给他"。

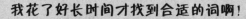

我花了好长时间才找到合适的词啊！

# 特工手册

### 练习测试——中级水平

你需要使用一本密码书和三本你可能用到的书，下面哪本是你最好的选择呢？

a) 比阿特丽克斯·波特的《兔子彼德的故事》

b) J.R.R.托尔金的《指环王》

c) 《牛津简明词典》

**答案**

a) 太短，不能包含你需要的很多词。

b) 词汇数量很大，但是很难找到你要的那一个。

c) 大量的单词按顺序排列，是不错的选择。

词典是书密码很棒的选择。你只用那些定义过的词，不需要担心数行数。你只需要说词在哪一栏里就可以。

这样，如果你的词是第15页上第二栏的第三个，你的密码是15、2、3。

但是，即使世界上最大的词典也不能包含你需要的每一个词和名字。有时你可以想出解决的方法，比如说，你可以把"Stephen"（斯蒂芬）分解成"Step"和"hen"，或者你可以用词典中的词取密码名，像"大象""老鼠"。

但是如果这些方法都不起作用，你需要用某种密码把名字拼出来。一种可能的方法是也以书为基础，用单词的第一个字母。这样的书密码是藏宝类神秘故事的一部分。

## 藏宝的神秘故事

故事开始于1817年，一个叫索马斯·比尔的探险家和一队朋友一起出发探索美国西部。一天晚上，他们在一条峡谷宿营，突然……

他们在偶然发现的金矿工作了数月，终于拥有了金银珠宝等财富。

所以，1820年，比尔把财宝埋在弗吉尼亚州的林奇伯格附近。

然后，他回去帮助别人挖掘更多的金子。到1822年，他们有更多的财宝可以埋藏，但是他们考虑到一件重要的事。

所以这次，比尔把最近的财宝埋藏起来以后，他把藏宝地点用纸写下来。但是，为了防止被别人看到，他用密码书写并且把纸条放在一个金属盒子里，让当地的旅馆老板罗伯特·莫里斯帮他看管。

又开始挖金矿之后，比尔写信给莫里斯，告诉他如果没人来拿的话，10年后打开盒子，他也承诺有人会寄给他解开密码的方法。

比尔骑马走了，然后……

没有人知道他发生了什么事，再也没有听说关于他的事。没有人来拿盒子，没有人给莫里斯解码的方法。

莫里斯等啊等……等了23年。

然后他打开了盒子，找到三封密码信：一封信一目了然地解释说，宝藏在哪里；一封信写着宝藏是什么；另一封信注明宝藏属于谁。

## 寻宝大行动

莫里斯无法解开密码，所以他把密码信给一个懂密码的朋友。朋友成功地解开"宝藏是什么"的密码。这是用《独立宣言》的书密码写的。

《独立宣言》中的词按顺序编号，密码信中的数字代表书中的单词的首字母。

《独立宣言》从头开始：

When in the course of human events …

　　1　2　3　　4　　5　6　　　7

这样1、6、2、4，6的意思就是"which"（哪个）。

但是，《独立宣言》并不能帮助解码人解开其他的两个密码。所以，莫里斯仍然找不到比尔的宝藏。

莫里斯死后，他的朋友决定公开密码，看看是否有人能解开。他的密码小册子在1885年出版，从此以后，引起了解码人和寻宝人的极大兴趣。

他们试了大量的方法解开密码，在弗吉尼亚州的很多地方挖掘。有人声称找到了解决方法，但是，却没有人因此成为百万富翁，也就是说没有人找到宝藏。

两个没解开的密码可能建立在别的著名的文章上，但是没有找到任何合适的文章。比尔可能选择了自己写的文章，并根据那篇文章编写密码。那篇文章可能就是没有寄给莫里斯的解码方法。

但是，也有其他的可能性，整个故事可能是骗局，用来愚弄人们和发表所谓的"原始密码小册子"赚钱。可能没有任何宝藏，可能索马斯·比尔、金属盒子和罗伯特·莫里斯都根本不存在。你认为呢？

# 狡诈的字母

不是所有的密码都用符号代替字母。换位密码不改变字母，只改变字母的顺序。

缔伯斯认为这是个很棒的主意，所以他在最近写给克瑞帕提克船长的信中，把字母连起来改变顺序。

## HEDELMPOSNER

不幸的是，缔伯斯没有告诉他的上司如何把打乱的词序恢复原状。好在信不是很长，船长确信他能猜到信的意思。他发现很多隐藏的词……

然后他找到了解决之法。

同时，缔伯斯正担心自己的困难。

缔伯斯的错误是没有和船长事先商定一个方法，如何打乱密码信中的字母顺序。不然的话，船长会马上得到正确的信息。

## 适合初学者的字母戏法

最简单的信中障眼法就是把信从尾到头写一遍。如果你把词与词之间的空格去掉，再按5个字母一组分组，就更有效。

ELBUO  RTYNA  TUOHT  IWTIK  CARCL  LIWRE
KAERB  EDOCA  TUBYL  ISAET  IGNID  AEREL
POEPS  POTSS  IHT

## 之字形和栅栏密码

假设你想要告诉鲁克，"今晚运钻石。"最重要的是不能让船长发现，所以你需要把字母弄乱以瞒过缔伯斯的眼睛。

一种方法是用之字形密码写信，如下：

**DAODBIGOETNGT**
**IMNSENMVDOIH**

写你的密码信时，先写上面一行，再写下面一行。如果愿意的话，你可以把字母按5个一组分组—— 这样容易抄写，也方便发送。

DAODB　　IGOET　　NGTIM　　NSENM　　VDOIH

为你的信解码时，鲁克只要把过程倒过来就可以了。你的密码信有奇数个字母，所以他知道上一行比下一行长。（如果是偶数，那么上下两行一样长。）应用这个知识，他就能把信分成两组，写下来形成原始图形，然后按之字形读出你的密码。

他用同样的方法给你回信：

CLPLC　IYUEC　PANRP　IALOI　EFOSE
ATICY　TC

(答)(案)

Call police if you see Captain Cryptic.
（如果看到克瑞帕提克船长，报警。）

这种字母戏法或者转换的方法叫做栅栏密码，因为有的人认为之字形排列看起来有点像栅栏。如果你想让你的密码难一点，你可以用三级或四级的之字形代替两级的。你也可以往后写一到两行。但是别忘了让鲁克明确地知道你所做的，这样他才能轻松地解开密码。

## 竖行和横行

栅栏密码不是用特殊写法弄乱信的唯一方法。为了让船长继续猜下去，你将用别的方法——用竖行和横行的方法。你的信是：

Have   spotted   Tibbs   creeping   around
the     Tower     of     London.
（伦敦塔附近发现了缔伯斯。）

你已经和鲁克商定你会用数字5为基础编写密码，所以你需要做一个5×5的方格，沿着横行写你的密码。不用担心最后一行没填满。

要做成密码，把竖行的字母一个个写下来，如下：

**HPDSPRTWLNAOTCIOHEOVTIRNU
ERNETBEGNTODSEBEADOFO**

通常，你把字母分成5个字母一组，方便抄写和发送。

**HPDSP　RTWLN　AOTCI　OHEOV　TIRNU
ERNET　BEGNT　ODSEB　EADOF　O**

鲁克能够破解密码，因为他知道你用了5个竖行。首先，他数了数字母数（共有46个），然后把字母按5个一组分组，看看有多少组（46÷5=9，留下一个字母，所以共有9行，其中一行只有一个字母）。

一旦他知道这些，他能画出表格的适当大小，把你的密码信抄进竖行，读横行知道你的密码。

你可以用同样的技巧破译他的密码。

**WPDPH TLOLR EEOIE EAAST OWLTS CCINT
HWELT UTANS EENLS ESTPP TACJS**

**答案**

(Well spotted.l suspect the captain plans to steal the croun jeuels.)很容易被发现，我建议船长去偷皇冠上的宝石。

垃圾！这是你们这种微不足道的人能用的最好方法吗？

译码人又对了。尽管鲁克的信看起来难以猜透，船长依旧可以用试试凑凑的方法研究出来。鲁克的信从竖行的第一个字母开始，所以整封信的第一个字母也就是那个字母。

船长只需要用不同大小的方格试验，看看当他读横行时哪种可以读出单词。听起来他会花很长时间，其实不会。他能通过看横行的前两个字母排除大多数的方格。你自己也可以试一试。

## 关键词复杂化

你可以让这种变位密码更难破解——不把竖行从左到右按顺序写。但很重要的一点是鲁克知道你用的顺序。要记住一串数字很难，用你们都知道的一个关键词或短语就容易多了。

你把关键词或短语中的字母按字母表编号就得到写竖行的顺序。如果相同的字母出现超过两次，先编第一个字母的号，然后编第二个字母的号，依此类推。这样如果你的关键词是"cat-food"（猫食），数字如下：

```
C A T F O O D
2 1 7 4 5 6 3
```

你的关键词有7个字母，下一步就是把你的信写成7个竖行，把编号的关键词写在最上面。这样，"Tibbs is hiding in the dungeons. Should I fetch police"（缔伯斯藏在地牢里，我得报警。）这封信就写成下面的形式：

```
2 1 7 4 5 6 3
T I B B S I S
H I D I N G I
N T H E D U N
G E O N S S H
O U L D I F E
T C H P O L I
C E
```

82

最后一步是把竖行排成按数字提示的顺序。所以标1的是第一行，接下来是标2的，直到全部排好，编成密码。

```
IITEU CETHN GOTCS INHEI BIEND PSNDS
IOIGU SFLBD HOLH
```

鲁克能很容易地解码，因为关键词告诉他共有7个竖行。把44个字母分成7行说明有6个满行，第7行只有2个字母。他可以推测出方格的大小，关键词能帮助他把字母填进正确的方格中。这样他就能读横行读出密码。

## 怎样解码

缔伯斯认为这种字母换位的方法是个好主意，于是他用来给克瑞帕提克船长发信：

ENNAH NPEBB TROGT IGLSA EIHSI ETUNS
DDSSE TTISE EEKAB TIHON DOANE NB

鲁克成功地截获了这封信，但是他要解开密码需要点帮助。很幸运，我们已经知道关于缔伯斯的一个有用的事实：他总在信的末尾签上自己的名字。

> 太棒了！缔伯斯的愚蠢又一次帮了我们！这给了我们所有译码人都需要的——一个突破口。

现在我们知道普通的信里最后一个词是"TIBBS"（缔伯斯），我们要在密码的信里找到他的名字。

每个字母有7种可能选择。如果我们找到正确的那种，把他们按顺序排列拼出"TIBBS"，方格中它们上面的字母也应该有意义。他们可能拼不出一个完整的词，但至少是两个不同的词的一部分。

根据密码的工作原理，方格中"T"上方的字母是密码信里"T"左边的字母。这样我们就知道：

"T"上方的字母将是"B、G、E或T"

"I"上方的字母将是"T、E或S"

第一个"B"上方的字母将是"E、B、A或N"

第二个"B"上方的字母将是"E、B、A或N"

"S"上方的字母将是"L、H、N、D、S或I"

| B G E 或 T | T E 或 S | E B A 或 N | E B A 或 N | L H N D S 或 S |
|---|---|---|---|---|
| T | I | B | B | S |

嗯。我发现"beans"和"teens"，如果"ge"是另一个词的开头"ge ban"也合适。先试试"beens"吧，如果不对，再回去试试别的。

如果"beans"是正确的，在它上方的5个字母也应该有意义。

字母"B"和"T"的上方字母是"B"或"A"

字母"E"和"I"的上方字母是"A"

字母"A"和"B"的上方字母是"K"

字母"N"和"B"的上方字母是"E"

字母"S"和"S"的上方字母是"D"

方格如下：

| B 或 A | A | K | E | D |
|---|---|---|---|---|
| B | E | A | N | S |
| T | I | B | B | S |

太棒了！拼出"BAKED"正好合适"BEANS"。看起来我们似乎已经破解密码，而且发现缔伯斯只用5个竖行。现在，我们把剩下的字母填进方格里，然后读出信。

```
        TH
     EREIS
     NOTHI
     NGTOE
     ATINT
     HISDU
     NGEON
     PLEAS
     ESEND
     BAKED
     BEANS
     TIBBS
```

缔伯斯只用了5个竖行，太简单啦。如果他用长点的关键词，我们的工作可就麻烦多了。

我们的方格在最上面有两个空符，缔伯斯应该把空符留在最

底下。现在我们看到信，可以看到他的竖行如下：

```
THERE
ISNOT
HINGT
OEATI
NTHIS
DUNGE
ONPLE
ASESE
NDBAK
EDBEA
NSTIB
BS
```

你能用他的方格研究出他的关键词，然后你就可以破译他发送的任何信，只要是用同一个关键词、同样的密码写的。

答案

缔伯斯的关键词是53 124。他从TIBBS这一关键词得到，但你只需知道这一数字就可。

# 发现密码

真正的译码人都用频率分析来发现用了哪种密码编写密码信。

如果字母频率和普通情况一样，很可能是换位密码。因为这种密码只改变字母的顺序不改变字母本身，所以频率也不会变。

　　如果字母频率和普通情况不一样，可能是替代密码。因为替代密码改变了字母，比不常用的字母出现的频率多得多。有时太明显了，好的译码人不用统计就可以一眼看出来。

## 诗密码的难题

　　在第二次世界大战期间，英国特殊行动执行部（SOE）把特工派进被纳粹占领的欧洲，帮助当地人进行反纳粹活动。

　　特工一直和总部用广播联络，用莫尔斯密码发送报告。他们知道情报经常被拦截，所以用换位密码保持情报机密。

　　为确保没有书面的东西被敌人拦截，每个特工都记住一首诗，用里面的词做密码的关键词。想要发送密码时，选用诗中的任意5个词作为关键词。因为诗的词数都超过5个，所以他们有很多词可以选择。

　　特工按字母表的顺序给那些词中的字母编号，和第82页你给你的密码词"catfood"编号的方法完全一样。然后，特工用那些数字把情报中的字母移位，最后发送出去。他会在情报的开头写上特殊的指示密码，告诉解码人诗中的哪些词被用作关键词。

## 熟能生巧

　　想象一下你是SOE的情报人员，将要空降到纳粹占领的法国。你坐在桌子前练习制作密码，选的诗是"Humpty Dumpty"。你已经选的词是"wall""fall""kings""horse"和"men"。房间里只有钟摆的滴答声，但你仍要专心致志，正确地给字母编号。

　　现在前推三个月。假设你的身份暴露，你正在飞奔逃避盖世太保的追捕。你已经36个小时没吃没睡了，而且你知道你会被盖

世太保抓住。但是你有关于纳粹的重要情报——没有其他任何人知道的情报。你必须在被捕前努力把情报发回总部。如果你成功了，就能拯救成百上千个生命；如果失败，他们就会死。

　　你蜷缩在寒冷、黑暗的地窖里，在一支蜡烛旁边。只有刚刚够写字的微弱光线，而且你的心因为害怕而颤抖。你从诗中选出词，然后用最快速度编写密码。

　　但是同时你听到楼梯上的脚步声，此时你已经有点忐忑不安了。很难专心编码，出错却很容易。你可能会把关键词编错号，拼错信中的单词，把竖行移错位置，或者写下错误的提示密码。

　　这是现实生活中经常发生的。特工就是在这种压力下编写密码的，所以经常会出错。当发生那种情况时，密码就很难破解。尽管努力解码的人知道密码的原理，但是有时要尝试很多次才能成功地解开错误的密码。

## 完美并非好事

利奥·马克斯是英国特殊行动执行部总部的密码专家。他解开了最具欺骗性的错误密码。他知道SOE的特工经常出编码错误。事实上，这很正常，他预料得到。

所以当他注意到丹麦特工没有犯任何编码错误时，不由得产生怀疑。这样的完美不太可能，他很纳闷那些间谍是不是被捕了并被强迫发出假情报。如果那是真的，信在发送前就被检查过，任何错误都将被纠正。

最终马克斯的怀疑被证明是正确的。德国占领了整个丹麦作战部。他们对成功保持沉默，继续向英国发假情报，新的特工一到就会被捕。他们甚至还劝说SOE为他们提供装备。

## 出名有时不是好事

错误不是诗密码的唯一难题。还有一个严重的障碍。如果敌人破解了信，他们也能研究出关键词。如果诗很有名，他们也可以研究出是哪首诗。然后他们将完全破解那个特工的密码，轻松地解读他所有的信。

为了愚弄敌人的译码人，利奥·马克斯和其他SOE成员自己写诗供特工用。没有别人知道那些诗，这样译码人就分辨不出来。

最终特工拿到几块丝绸，上面印着数字行作为关键词。特工每个关键词只用一次。然后他们把丝绸撕破烧掉。即使一封信被破解，也不能帮助敌人解开别的密码，因为每封信的密码都不同。

　　像这样一次性的关键词是个好方法，为译码人增添了很多困难。但是如果你要把他们真正逼疯，继续读下去，就会了解打败他们最强大的工具——频率分析。

# 欺骗译码人

频率分析一出现，编码人就开始寻找阻止它的方式。密码书是一种解决方法，但是我们已经发现它的几个障碍。编码人想要发明的是一种破坏频率分析的方法。

一种可能的技巧是用多个符号代表最常用的字母。比如，在英语中最常用的字母是"e""o""t"和"a"，所以缔伯斯在基本字母表中加入4个数字，产生如下的字母表：

```
a b c d e f g h i j k l m n o p q r s t u v w x y z
T I B S U V W X Y Z 2 3 4 5 A C D E F G H J K L M N
O    P                          Q       R
```

有两个符号，叫"同音字"，代表四个最常用的字母。用这些符号编码缔伯斯能自由改变。这会让做频率分析的人失望的，也很难发现普通的词，比如，"the"可以被编码成"GXU""GXP""RXU"或"RXP"。

要让频率分析更加困难，缔伯斯也可以在他的信中插入数字作为空符，不代表任何意义的符号。所以"Dear Captain（亲爱的船长）"看起来可能像这样：

| 普通字母 | dea   r c a pt  ai n |
|---------|---------------------|
| 密码    | SUT76D B809CG8TY765 |

这会打乱频率统计，让密码更难破解。但是船长如果知道必须忽略大于5的数字，仍然能够轻松地解开密码。

## 另一个大难题

如果频率分析不起作用，译码人也不会放弃。他们能用更巧妙的手段。

# 译码高手指南

**窍门一**

在密码信里找到出现超过一次并一起出现的两个符号。

这些符号可能代表经常连用的字母。比如，在英语中，可能是"th""sh""ea"，但不可能是"nz"或"iu"。

**窍门二**

找找双写的符号。

这可能代表双写的字母。如果真是这样的话，在英语里，××可能就代表"tt""ll"，或别的。

空符和同音字能让这种分析更困难。但是不能消除任何密码的基本难题——用一个字母表代替普通的字母表。

在密码行话里，这些叫做"单字母表替代"，的确拗口，但绝对有道理。

问题是，一旦译码人已经解开密码信中一个字母的意义，他知道在信里别的地方这个字母也是一样。所以他能把意义放进去，用来帮他解开剩下的密码，就像我们解开缔伯斯的第一封密码信。

## 艾伯提的灵感

编码人和"单字母表替代"的弱点斗争了很多年，直到15世纪，一个叫利昂·巴提斯塔·艾伯提的人有了闪光的点子。如果难题是只用一个密码字母表引起的，解决方法一定是有两个或更多的字母表，在编码时可以交替使用。

这种体系叫"多字母表替代"。

这和鹦鹉一点关系也没有！

用艾伯提的点子最容易的方法就是有两个密码字母表。

普通字母 a b c d e f g h i j k l m n o p q r s t u v w x y z
密码1　 L E O N P Q R S T U V W X Y Z A B C D F G H I J K M
密码2　 A L B E R T I J K M N O P Q S U V W X Y Z C D F G H

突然，译码人的工作艰巨多了，因为每个密码信中的字母都有两种可能的意义。所以 "E" 可能意味着 "b" 或 "d"，"X" 可能意味着 "m" 或 "s"。加入第三个字母表又能让每个字母增加一种可能性。所以密码字母表越多，解码的难度越大。

当然，收信人需要知道你用哪种密码，不然就不知道你在说些什么。

## 维吉那的正方形

其他的译码人认为艾伯提的主意不错，于是发明了各种各样的方式制造密码字母表，决定该用哪种。最有名的一种方法是16世纪后半期一个叫布莱斯·维吉那的人发明的。他把26个密码字母表写成正方形，把普通的字母表从上到下写在最左边，从左到右写在最上面。编排如下：

```
    a b c d e f g h i j k l m n o p q r s t u v w x y z

A   B C D E F G H I J K L M N O P Q R S T U V W X Y Z A
B   C D E F G H I J K L M N O P Q R S T U V W X Y Z A B
C   D E F G H I J K L M N O P Q R S T U V W X Y Z A B C
D   E F G H I J K L M N O P Q R S T U V W X Y Z A B C D
E   F G H I J K L M N O P Q R S T U V W X Y Z A B C D E
F   G H I J K L M N O P Q R S T U V W X Y Z A B C D E F
G   H I J K L M N O P Q R S T U V W X Y Z A B C D E F G
H   I J K L M N O P Q R S T U V W X Y Z A B C D E F G H
I   J K L M N O P Q R S T U V W X Y Z A B C D E F G H I
J   K L M N O P Q R S T U V W X Y Z A B C D E F G H I J
K   L M N O P Q R S T U V W X Y Z A B C D E F G H I J K
L   M N O P Q R S T U V W X Y Z A B C D E F G H I J K L
M   N O P Q R S T U V W X Y Z A B C D E F G H I J K L M
N   O P Q R S T U V W X Y Z A B C D E F G H I J K L M N
O   P Q R S T U V W X Y Z A B C D E F G H I J K L M N O
P   Q R S T U V W X Y Z A B C D E F G H I J K L M N O P
Q   R S T U V W X Y Z A B C D E F G H I J K L M N O P Q
R   S T U V W X Y Z A B C D E F G H I J K L M N O P Q R
S   T U V W X Y Z A B C D E F G H I J K L M N O P Q R S
T   U V W X Y Z A B C D E F G H I J K L M N O P Q R S T
U   V W X Y Z A B C D E F G H I J K L M N O P Q R S T U
V   W X Y Z A B C D E F G H I J K L M N O P Q R S T U V
W   X Y Z A B C D E F G H I J K L M N O P Q R S T U V W
X   Y Z A B C D E F G H I J K L M N O P Q R S T U V W X
Y   Z A B C D E F G H I J K L M N O P Q R S T U V W X Y
Z   A B C D E F G H I J K L M N O P Q R S T U V W X Y Z
```

> 维吉那这个版本的正方形依次用26种恺撒移位。如果把顺序重新排列或者用别的字母表，难度会更大。

97

在用这个正方形以前，你们需要商定关键词。你和鲁克商定的是"CRACKING CODES"，所以你可以发下面这封信给他：

船长计划今晚闯入伦敦塔。

第一步你要把你的关键词一个个地写在信的上方，如下：

```
CRA CKINGCO DESCR AC KINGC ODES CRA
The captain plans to break into the

CKING CO DESCRA CKINGCO
Tower of London tonight.
```

现在你可以开始用维吉那正方形。对普通信中的每一个字母来说，上方的字母将告诉你用哪个密码字母表来解码。

信用"t"开头，上方的字母是"C"，找到左边第一竖行里"C"旁边的字母表。现在沿着第一横行找，找到在"C"旁边的字母表里对应的字母，是"W"。所以"W"就是你的密码信里的第一个字母。

你的信里的第二个字母是"h"，上方是"R"，找到"R"标记的字母表。然后找到第一横行中字母"h"在那个字母表中对应的字母，是"Z"。"Z"就是你密码信的第二个字母。

过程很慢，而且如果子弹在你的耳畔呼啸而过，这是件棘手的工作。但幸运的是你还没遇到那么危险的情况，所以可以缓慢地工作。直到你最终把如下的密码信发给鲁克：

> **WZFFL YHHLC TQTQK URMAS HNXRY HWZFW**
> **ZFSYR UPTGG GOWZW WNKI**

> 你发现密码信里的"SYRUP"和"MASH"了吗？那是没有意义的词。

半个小时后，你接到鲁克的回信。

> ZWXLW UPLZP MYBQY GRCQW T

他用了完全一样的密码，所以，你需要再一次把关键词一个个写在信的上方。

| CRACK | INGCO | DESCR | ACKIN | G |
|-------|-------|-------|-------|---|
| ZWXLW | VPLZP | MYBQY | GRCQW | T |

　　然后，你要把鲁克编码的过程颠倒，因为第一个密码字母是
"Z"，上方的字母是"C"，看"C"标记的字母表行直到你找
到"Z"。然后沿竖行向上找到"Z"意味着的"w"。

　　第二个密码字母是"W"，上方的字母是"R"，所以看
"R"标记的字母表行直到找到"W"。然后沿竖行向上找到
"W"意味着的"e"。

　　你缓慢地继续，一个接一个字母破解出密码，直到读出鲁克
的信。

We will be waiting for him.（我会等着他。）

## 好 消 息

　　好消息是，如果你的敌人截获维吉那正方形也不要紧。他们
仍然不能解开你的密码，除非知道关键词。

## 坏 消 息

　　坏消息是，如果能幸运地找到突破口的话，狡猾的译码人有
时能解开关键词。

# 狡猾的关键词——解码人的心愿

## 1. 大量的突破口

有突破口太棒了。如果我知道信中的一个词，我就能试试把它放在信的不同位置，试试能不能研究出关键词的一部分。如果关键词很短，我也许能把关键词全部解开；如果很长，也许能研究出大部分，然后猜出整个词。

## 2. 不断重复

当同一封信里同样的字母顺序出现不止一次时，我会激动得颤抖。可以是同一个词，也可以是词的同一部分，只要是用同一关键词编码，我可以解开关键词的长度。

## 3. 很多用同一关键词加码的信

我喜欢同时有很多封信可以研究。如果我在两封密码信的同一位置找到相同的字母，就可以知道是用同一关键词加码，而且代表同一个词。如果我同时又发现突破口和重复，那就太有趣了……

# 关 键 词

如果你想要防止别人破译你的密码，你需要用最好的关键词。

## 犯罪高手侦探小组

**头号机密**

### 关于可能的关键词的报告

CAT

太短太明显。只用维吉那正方形26个密码字母表中的三种，而且很可能因字母顺序的重复而导致泄密。

CRIMINAL MASTERMIND DETECTION SQUAD

长一点就好多了，但是很明显，所以一个译码人研究出部分就可以猜到全部。

HEY DIDDLE DIDDLE THE CAT AND THE FIDDLE THE COW JUMPED OVER THE MOON THE LITTLE DOG LAUGHED TO SEE SUCH FUN AND THE DISH RAN AWAY WITH THE SPOON

巨大突破。比很多信都长，所以不会有任何重复。尤其当你漏下第二个"diddle"时更是如此。容易记，但是因为很有名，所以如果部分被解开就可以猜到全部。

EOCIGYAOGRKXTNPIUOECFCPRGAOCJFIU
CDUOECFIORDIOAGIUXPCURCODTDICYUIR
ACGDIARGCIUCRKIYCDPRAYUCDRFIPECGF
RGDUCNDOEIJCFGGDURFRPUDFROFIPCN
UDFCFUCGDPURFPRFUCGDFFPFGFPFPYU
CGFIRFFPFPDCPJJOOEOTUILEWX

　　这是很棒的关键词。比大多数的信都长，不会有重复出现。而且不可能被猜到，因为字母顺序没有明显的形式。当然，因为很难记，所以你需要把它写下来，但是你要小心别让它落入敌人的手里。

## 无法解开的策略

　　关键词越长，维吉那密码越难译。如果你任意选择的字母顺序比原信长，唯一的破解方法是对用这个关键词的几封信比较一下，寻找重复的部分。所以如果你一个关键词只用一次，那么密码就根本不可能破解。

这种关键词叫"一次性关键词"或"一次性便笺"，因为你只用一次。

特工人员执行任务时，把一次性关键词列表，就像SOE的特工进入被占的欧洲时，把关键词数字写在丝绸上。像他们一样，特工在几封不同的信加密码时用不同的密码。用完后把关键词销毁，防止落入敌人手里。这样确保敌人没有办法解开他们的密码。

## 障碍在哪里

你可能会想问为什么这本书还不结束。看起来编码人已经赢了。如果他们创造永不能译的密码，译码人还是最好放弃。

难题在于：没有完美的密码，总是有笨蛋把事情搞糟。用一次性关键词时，最愚蠢的事是同一个关键词用两次。有时那是真正的错误，有时是因为不知道密码体系的工作方法，他们才会那么"经济"。

给每个需要发密码信的特工创造、印刷和分发足够的关键词

如果我把每个关键词用两次，这个关键词列表就能多用一倍的时间。

也是困难的事。一个军队每天需要大量的关键词，要追踪谁在用哪个也很困难。所以一次性关键词倾向于只用于最重要的信，别的密码体系用别的密码。

# 特工手册

## *评估测试——机密级*

要让你的密码消息难以破解，你应该采取哪个行动？

1. 用著名的也比较容易记的短语作为关键词。

2. 把词与词之间的空格去掉。

3. 防止使用译码人可能猜到的词或短语。

4. 在你加码之前，留心把你的普通版本的信拼写正确。

5. 选一个很长的关键词。

6. 让你的信尽可能短。

7. 在信里加上不表示意义的字母和数字。

8. 在你的信里总是署名"特工"，这样译码人就不能把你的名字作为突破口。

9. 除非很需要，否则不发信。

10. 如果你必须把同一封信用同一个密码发两次，需要确保信是一样的。

1. 不。著名的短语很容易被猜到。

2. 是。

3. 是。

4. 不。如果意义清楚，把词拼错以及用单写字母代替双写字母是好主意。这让译码人的日子更不好过。

5. 是。

6. 如果你用密码书或密码——是；如果你用换位密码——不，信长一点儿比较好。

7. 是。

8. 不。在所有信的同一位置用相同的词不是好主意。

9. 不。如果你这样做的话，只发一封信会让敌人知道这封信很重要。在现实生活中，军队会发大量的假情报迷惑敌人，每天的情报数大致都相同。

10. 不。一模一样的信发两次很危险——即使微小的错误也能给译码人破解的方法。应该把第二封信重写，用不同的方法说一遍。

# 愚弄译码人的超级方法

即使你不能用一次性关键词，那么给你的信加两次密码，你仍然能让译码人的日子难过。

▶ 先写好普通文本的信。

▶ 用代码或密码加码。

▶ 把你的密码文本拿走，用不同的密码再加一次码。

这种棒极了的主意叫做"超级加码"，让译码人很难用突破口解开密码。

## 警告！

小心你用的密码，不然你的"超级加码"方法也不能像预期的那样让译码人的日子难过。

▶ 一个接一个的恺撒移位只会出现不同的恺撒移位，很容易破解。

▶ 把普通版本倒置再倒置，只会回到原处。

用两个完全不同的体系比较安全。比如，你可以用代码，然后把结果用换位密码加码。

## 选用合适的密码

你现在有眼花缭乱的一大堆代码和密码可以选择，各有优点和缺点。简单的密码编写起来很轻松，但是也容易破解；复杂的密码和多字母表密码难译，但是编写困难。所以知道用哪种非常重要。

# 特工手册

在分配给你任务之前，我们会给你低安全度、中安全度和高安全度的密码。请根据你的情报需要和保持机密的时间决定用哪个。

为了测试你的能力，请根据内容标上低、中、高三个等级。

a) 下周空投供给。

b) 在敌人总部的间谍的名字叫……

c) 我被袭击了，快来救我！

d) 我出去两个小时，别忘了喂猫。

**答案**

a) 中。在发送前需要保持机密，但是敌人发现之后也不会有任何损害。你需要一种密码或代码并花一周来破译，但是不需要将不能破解的密码完全破译。正确的选择将会基于你对敌人的译码能力的估计。

b) 高。这条情报必须保持机密，最好是永久性的。用最保密的密码——可能用维吉那密码加上一次性关键词，接着是"超级加码"以及换位密码。

c) 低。尽管是很重要的情报，但是攻击你的人已经知道了。而且在这种情况下，你很容易出编码错误。为了速度和安全，建议你不用密码直接发信。

d) 低。两个小时后这条情报就失效了，而且这条情报微不足道，根本不需要加密码。你只需要不让别人看到信，所以用简单的替代密码就可以。

咔嚓！咔嚓！

109

## 日子越来越不好过

复杂的移位，多字母表替代和超级加码，这些方法做起来比说起来难多了。当你被敌人包围藏身于水沟里，或者处在被潜水艇攻击的船上时，难度就更大了！所以，毫不奇怪，编码人多年来一直在发展帮助编密码的机器……

# 保密的机器

第一种加码的机器不是普通意义上的机器，而是根木棒，公元前15世纪斯巴达人使用。

发密信的人先把一卷羊皮纸一圈圈缠在木棒上，没有重叠的部分。

然后把信写在羊皮纸上，沿着木棒写，而不是顺着羊皮纸写。

当羊皮纸从木棒上拿下来时，上面是胡乱的涂鸦没人能看得懂。看起来也不像机密消息，而且很容易藏在送信人的腰带里。收信人只要把羊皮纸缠在同样的木棒上就可以读出信上的字。

今天你仍然可以用同样的方法发信，可以用扫帚柄或糖筒作为你的传信木棒。只要保证收信人的"木棒"和你的直径相同。

## 密码转盘

第一台真正的机器是15世纪编码人发明的，我们在上一章遇到过——利昂·巴提斯塔·艾伯提。他是第一个考虑用不止一个字母表的人，也是第一个发明机器来给多字母表提供编码的人。

艾伯提的密码用两个铜转盘组成，一大一小，中心系在一起，小的转盘可以转动。大盘的边缘是普通字母表的字母，而密码字母表的符号写在小盘的边缘。

艾伯提用拉丁文书写，所以他的字母表中只有24个字母。下面的一张有26个，可以用来写英文信。

要把密信发给鲁克，你把小盘转到预定的开始位置，每个大盘中的普通字母与小盘中的对应密码排在一起。

这是转盘难题！

如果你愿意的话，你可以用那种装备给你的整封信加码。因为你给整封信用相同的字母表，所以是用单字母表替代，有被频率分析破解的危险。

要让你的信难译，每次你给一个字母加完码后可以改变盘上的装置。这意味着你可以用26个不同的密码字母表。这样就完全成了维吉那正方形的机器形式。和对待维吉那正方形一样，你和鲁克需要预先安排怎么改变字母表，不然他就不能解开你的密码。

艾伯提的点子太好了，密码转盘用了上百年。在盘上的字母数有改变，字母的排列方法也有改变，但是原理不变——保留两张转盘。

## 从转盘到轮子

18世纪90年代，杰弗逊发明的一种编码器具有26个转盘，叫做密码轮，用一种完全不同的方法工作。转盘用木头做成，中间有孔，用金属把手穿起来固定。每个转盘的边缘都写着字母表上的26个字母，但是每张盘上的字母顺序不同。

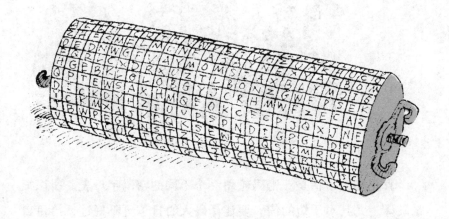

要发消息给鲁克，你旋转转盘，让一行中的字母拼出你要说的话。然后写下另一行字母——直接用上方或下方的字母行最方便。

要解开你的密码，鲁克需要相同的器具。他把转盘定位到能拼出你的密码消息，然后找到相关的能表意的行。

这样的密码轮用起来方便迅速，不需要电池，小到可以放进口袋里。对于行军中的军队是很好的选择，但是不太适合间谍，因为看上去太明显了。

真正棒的事情是：密码轮用26个不同的密码字母表，所以很难破译，尤其对于短的信。要让译码人的日子更不好过，给每封信编密码时，转盘还可以重新排列。

## 打开电源

电的到来允许发明家发展一种电动密码转盘，叫转子。这是转盘形状的器具，每个面上有26个电接触点。每个接触点用电线和别的面上的接触点连接。

要看到它的工作方法，你需要把转子连接在键盘、显示屏和电池上。你在键盘上打出普通的字母，电流就沿着接触点流动，流到转子的另一个接触点，显示屏上相应的密码字母就亮灯。

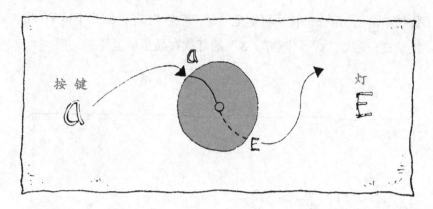

　　如果你把转子转到不同的位置，就改变了接触点连接键盘的方式。这样打入同一个字母，就可能产生不同的密码字母。

　　这看起来很聪明，给你26种不同的密码字母表。但是一个转子只能像艾伯提密码转盘那样工作。事实上，不如艾伯提密码转盘那么好，因为电池没电时就不能用。

　　如果你用不同的电线加入第二个转子，情况就会显著改善。先前，电流流过第一个转子给你的普通字母加码，但是接着流过第二个转子产生不同的密码字母，显示在显示屏上。比如，如果你按"a"，第一个转子可能把"a"变成"E"，第二个转子可能把"E"变成"X"，这样"X"的灯就在显示屏上亮。

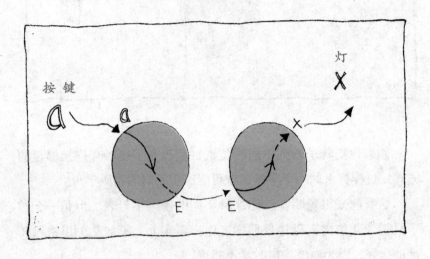

那听起来没什么，但是却让编码人欢呼雀跃。因为他们知道第一个转子上26个字母表之一和第二转子上的结合，有令人惊讶的26乘以26共676种可能的密码字母表。

如果你的脑袋还没疼，试试看加上第三个转子。现在如果你在键盘上按键，第一个转子可能把"a"变成"H"，第二个转子可能把"H"变成"G"，第三个转子可能把"G"变成"S"，"S"的灯就在显示屏上亮。

第三个转子自己又给你26种密码字母表。现在把其他两个转子加上去，26种的任意一种可以和676种之一组合，加上第三个转子会给你26乘26乘26共17 576种可能性，的确能让译码人头疼不已。

## 恩尼格码的秘密

三个这样共同工作的转子就是密码机器中最有名的恩尼格码的核心部分。

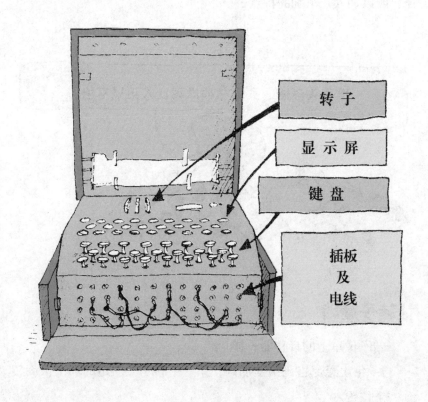

转子前是显示屏,展示字母表中的每一个字母,显示屏前是键盘。这是机械键,你要比现在按电脑键盘用力很多。当你把一个字母打在键盘上时,显示屏上一个不同字母的灯会亮。这是你用来做密码写在信里的字母。但你必须仔细看,因为灯只亮一小会儿。所以使用恩尼格码机时经常有两个人同时工作——一个按键盘,一个记下显示屏上显示的字母。

117

恩尼格码机的发明者是德国工程师亚瑟·斯雪比尤斯，第一次向世界展示是在1923年。尽管三个转子共同工作能产生很难的密码，但斯雪比尤斯并不满意。他想让恩尼格码变得完全无法破译，所以加入几个别的特点……

准备头疼吧。恩尼格码难得让人迟疑不决。

## 让转子旋转

转子像车上的计程器一样。

▶ 每次恩尼格码给信加码，第一个转子（左边的那个）旋转到一个位置。

▶ 当第一个转子和所有26个位置吻合完时，回到原处，第二个转子旋转到一个位置。

▶ 当第二个转子和所有26个位置吻合完时，回到原处，第三个转子旋转到一个位置。

这意味着你信里的每个字母都用不同的字母表加码。如果信不超过17 576个字母长，字母表就不会重复，而书写超过那个长度的信的可能性又很小。

118

## 让转子互换

把转子的轮子拿走，然后按顺序把它们放回去。因为每个转子有不同的线路，不同的排列产生不同的密码。有六种方法排列三个转子，所以译码人面对的是6乘17 576种可能的密码字母表。

是105 456种。你的头开始疼了吗？

## 在机器的前面加入一个插接板

这让字母表的每个字母都有一个孔。如果用电缆把两个孔连接起来，这两个字母就会互换。假想你把"G"和"M"连接，然后你按"G"键，电流就会流向第一个转子上"M"的接触点。

在第一台恩尼格码机上有6条电缆，这样有6对字母互换。总共有超过100 000 000 000种不同的从字母表的26个字母中选择6对字母的方法，所以插接板和转子结合让译码人的工作异常艰巨。

119

## 加入反射体

在电流穿过三个转子之后，并没有直接流向显示屏，而是沿着另一条叫做反射体的线路流动，从转子反方向流回来。这个体系设计得很精细，让电流总是能沿着不同的线路流回来。这意味着恩尼格码机给"a"加码"U"后,又在完全相同的转子位置给"u"加码为"A"。

## 编码人的好消息

这意味着恩尼格码机既能用于加码也能用于解码。如果你用相同的开始设置,你把密码信打进去,然后从显示屏能得到普通文本的信。

## 译码人的好消息

反射体的工作方法让任何字母都不能编码为自己本身。所以"a"永远不能变成"A","b"不能是"B"。第一眼看起来这无关紧要,但其实这很重要,这正是恩尼格码的致命缺陷。

## 恩尼格码变得流行

德国知道在第一次世界大战中他们所有的密码都被破解了。战后,他们需要一个新的体系,恩尼格码看起来是完美的解决方法。德国人买了成千上万台机器,他们确信能让恩尼格码机发送出无人能译的密码。

很聪明吧,对吧?

CM

不太聪明啊!

CB

开始时，他们是对的。当他们在1926年开始使用恩尼格码时，别的国家仍然只能截获他们的情报，但破解不了他们写的是什么内容。

这特别让波兰忧心忡忡，他们担心德国会入侵。他们需要知道德国的情报在说什么，所以一群特别聪明的波兰人开始破解密码。

## 首次突破

像经常发生的那样，译码人经常得到一些打破常规者的帮助。

一个缺钱的德国人偷了一些关于恩尼格码的文件卖给法国人，继而传给波兰人。

这些文件就是译码人需要的，包含关于恩尼格码的重大信息。利用这些信息，那些聪明绝顶的波兰数学家研究出转子是如何接线的。

他们仍然需要转子的排列顺序、设置以及信一开始的插头。要研究出这些，他们用更聪明的数学方法制造出了一种叫"炸弹"的机器，能很快地测试出转子的位置。

解开恩尼格码了！
解开恩尼格码了！

现在我们能读出德军所有的信了！

但是在1938年12月，他们的方法失灵了。德国给恩尼格码机加入另外两个转子。仍然用三个转子发情报，但可以是任意三个。这意味着第一个转子有5种选择，第二个转子有4种选择，第三个转子有3种选择。这样不再是原先的6种可能转子排列，而是5乘4乘3共计60种可能性。"炸弹"不能解决问题，而波兰人没有时间找到别的方法了。他们知道德国马上要入侵波兰，所以把他们知道的所有关于恩尼格码的情报交给英国和法国解码人。

## 再次破解恩尼格码

对抗恩尼格码的战斗移到英国乡村庄园——布莱奇利公园。那里的译码人包括数学家、语言学家、国际象棋冠军和纵横字谜能手。

一个最聪明的数学家叫艾仑·图灵。他发展了波兰的"炸弹"，制造出能对付附加转子的机器。

新的"炸弹"机器很大，有一人高，超过两米长。每一个前面是成排的鼓，用于检测可能的转子位置。

123

新的"炸弹"有很多工作要做，因为德国陆军、海军和空军每天都用不同的恩尼格码机设置。为了测试哪种是正确的设置，"炸弹"机每天24小时工作，转动声咚咚作响。

## 寻找突破口

在"炸弹"机开始工作之前，译码人必须找到突破口——他们确信在普通文本的信里出现的一个词或短语。必须找到在密电中的对应词或短语。

这并不容易，但是恩尼格码机帮助了他们解码。它的致命缺陷是没有一个字母用自身加码，所以译码人能把作为突破口的普通词或短语放在密电上方，来看是否有任何字母相同。如果有，译码人知道这里不是正确的位置，于是试别的地方。

看看这个体系是怎么工作的，假设一下"Morgen"是突破口，德语中的意思是"早上"。密电短得不可思议，是"AP-MRSNGOFHEY"。要找到突破口在哪里，把它放在密电上试试。

m o r g e n
A P M R S N G O F H E Y

两个N重合，所以这里不是正确的位置，把突破口往下移一个位置再试试。

m o r g e n
A P M R S N G O F H E Y

这次，R重合，仍然是错误的位置。这时你可能想要放弃，但是布莱奇利公园的译码人却坚持不懈，一个接一个地试验下去。

在这个假情报中，只有一部分密电的内容可能是突破口——"SNGOFE"。但是在现实生活中，布莱奇利公园的译码人经常找到不止一种可能的位置作为突破口。这意味着"炸弹"机有更多的可能性要试验，常常花费他们很多时间来检测哪里才是正确的位置。

## 德国人如何帮忙

破解恩尼格码密电真是艰巨的工作。但是德国人无意中帮了不少忙，让译码人的日子好过多了。

### 他们在可预测的时候发送可预测的密电

天气预报是最有用的，因为总是包含类似"wetter"（德语中是天气的意思）这样的词作为突破口。密电中说的"无事可报"也很容易发现。一条那样的密电就能帮助"炸弹"机破译当天的全部密电。

他们想要知道是否阳光明媚。

## 两次发送转子的设置

在恩尼格码发报员发密电之前，必须把转子调到开始的位置。开始的位置是他自己选择的，他不断敲击，直到他选择的三个字母出现在机器上。

要让另一边的人知道他的设置，他需要把这三个字母用在密电的开头，作为当天用标准的加码。然后，为了向对方确认，他又把字母再输入了一遍。

错了！尽管这样看起来增加安全系数，但是这主意糟透了。这意味着密电会重复开头，重复的句型会帮译码人破解密码。

## 出 错

发送密电是很枯燥的工作。为了让工作简单，有人就违反规定，这就很容易出错。

一个发报员太无聊了，发送测试情报时只写了"Ls"两个字母，因为这两个字母很容易打。译码人发现了这点，因为恩尼格码的致命缺陷意味着在300个密码字母中不会有"Ls"。译码人猜到了事情的原委。当然密电的内容并不能帮他们什么，但却能帮他们解开当天的恩尼格码设置。

另一个发报员经常用他的女朋友名字的首字母作为"三字母"密码设置，而用的三个字母中有重复，这就让译码人破解他的密电容易多了。

127

## 潜艇机密

布莱奇利公园的译码人发现来自德国潜艇的密电很难破解。这些恩尼格码发报员很小心，确保密电中的突破口很少。更糟的是，潜艇中的恩尼格码机有8个转子，而不是通常的5个。

所以，第一个转子有8种可能选择，第二个转子有7种可能选择，第三个转子有6种，依此类推，总共有8×7×6共336种不同的转子结合方式。

啊——

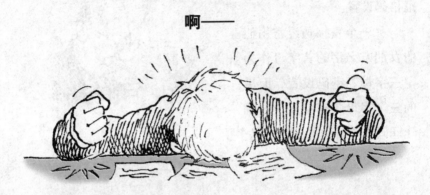

如果你认为这听起来很糟，就请做个深呼吸。1942年早期，事情变得更糟。潜水艇开始使用新的恩尼格码机，选中的转子数是4个而不是3个。

"炸弹"只能对付3个转子的！

译码人需要帮助。幸运的是，他们从勇敢的水兵那里得到了帮助。水兵冒着生命危险，从击沉的德国潜水艇里拿到关于转子设置的情报、密码书和别的情报。有的人还为此献出了生命。

头号
机密

## 1942年10月

　　上周，英国破坏者——HMS炸药包攻击并严重击伤了一艘下潜的潜水艇。U559号潜水艇浮了上来，它的船员弃船而逃。

　　三名海员——托尼·法森、科林·格雷泽尔和汤米·布朗，志愿从击伤的潜水艇中拿回头等机密文件。这是高度危险的任务，不幸的是，在潜水艇突然下沉时，托尼·法森和科林·格雷泽尔都牺牲了。

　　布朗成功地浮出水面后被救，他们从潜水艇里拿到的至关重要的文件也被成功地送到岸上。

　　值得我们注意的是，布朗只有16岁，因太年轻还无法参战。他明显是谎报年龄才成为船上的餐厅助手的。

## 你能成为译码人吗?

1. 你认为数学……

a) 很有趣。

b) 还可以。

c) 世上最枯燥的科目。

2. 你能说出下面颠倒字母而成的词或短语的意思吗?（在题目后面第132页页末有提示。）

nonodl    srapi    tishwagohn

a) 不用提示就可以说出。

b) 参考提示可以说出。

c) 无法说出。

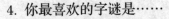

3. 当你做事情遇到困难时，你会……

a) 多试试直到你解决难题。

b) 多试几次，如果不行就放弃。

c) 马上放弃。

4. 你最喜欢的字谜是……

a) 有提示，提示的字母是颠倒的。

b) 有直截了当的提示。

c) 不存在——我讨厌字谜。

5. 当你知道一个秘密时……

a) 你不告诉任何人。

b) 你只告诉你知道能保密的人。

c) 你告诉每一个人。

6. 如果你是世上最好的译码人……

a) 你的成功将得到足够的回报。

b) 你将让你的好朋友知道。

c) 你想要成名。

7. 你拼字组词的能力怎么样？

a) 做起来很容易。

b) 可以做但是要花很多时间。

c) 你从来没有成功地找到过所有的词。

8. 你能说几种语言？

a) 流利地说两种或更多。

b) 母语很流利，其他一种至少能读懂一些单词。

c) 只有母语。

1. 解码中有很多数学知识。

2. 如果你要破解换位密码，辨认倒置的词或短语的能力是很有用的。

3. 破解密码有时要有很多错误的开始，所以你需要有耐心。

4. 字谜游戏涉及大量关于解码的知识，所以布莱奇利公园也找来字谜高手作为译码人。

5. 这是最重要的问题。译码人必须能保守秘密。

6. 因为机密需要，译码人很少在生前出名。

7. 从一大堆词中间找出词是很有用的能力。

8. 很多要求你破译的信是用外语写的，所以你能说至少一种外语很有用。

最终的结果是：

大部分选a的——你有成为译码人的素质。

大部分选b的——你能成为译码人，但除非你是团队的一员，不然单独工作很难。

大部分选c的——找别的工作吧。

提示：所有颠倒的词都是城市名。

## 劳仑兹的困境

恩尼格码机不是德国在第二次世界大战时使用的唯一的密码机器。他们也用劳仑兹机，用来在希特勒和他的属下官员之间发送密电。

这比恩尼格码更难破译，因为它有不同方式运行的12个转子。开始时，布莱奇利公园的译码人对劳仑兹机一筹莫展。后来，一个发报员犯了个错误，他重复了一遍发送的密电。

改变设置太麻烦了，用同一个吧。再打一遍太麻烦了，我就把有些词缩短就行了。

133

结果，他发送了用同一设置的两封几乎相同的信。这可是译码人需要的帮助。几个月的艰苦工作以后，他们终于研究出机器工作的原理，"炸弹"可以用来应付它。

在战前，艾伦·图灵考虑过要发明一台可以解决很多难题的机器。布莱奇利公园的译码人认为：这就是他们需要用来解决劳仑兹密码的。所以一名叫汤米·弗劳尔的人把理想变成了现实。

他发明了"巨人"——世界上第一台编程的电子计算机。

"巨人"很大，占了整个房间，散发很多的热量，于是操作员用它来烘干衣服。

134

和现代计算机中的硅芯片不同，巨人用的是一层层大型电子管。没有键盘和显示器，信息通过一长圈纸带冲压进小孔里输入。

"巨人"没有存储器，比你现在在学校用的电脑作用小得多。但是在当时看来，一秒钟处理5000个字的速度已经很惊人，有可能在劳仑兹机失效前破解它的密码。

## 布莱奇利公园的秘密战争

如果德国知道密码被破译就会换密码，所以解码人一直对他们的工作保密。他们很小心，除非需要，绝不和别人谈到在布莱奇利公园的工作。

### 你知道吗？

有些在布莱奇利公园工作的人被谴责为怯懦，因为他们宁可选择温暖的办公室工作，却不为国家而战。但是他们仍然没有告诉任何人他们的真实工作。

英国和美国为他们在密电中发现的情报找了别的理由。他们假装他们的间谍网络发现情报，还假装派出测位飞机发现敌人的潜水艇，其实他们早就知道潜水艇在哪里。

　　有时德国人很怀疑，但是他们对密码机太有信心了，总是以为密码没有被破译。

　　笼罩着布莱奇利公园的秘密在战后持续了很多年。文件被烧毁，"炸弹"和"巨人"被销毁。直到20世纪70年代，真实的故事才公之于众。而那时，世界上到处都在使用计算机，计算机改变了密码产生和使用的方式。

# 计算机密码

计算机擅长枯燥和重复性的工作，比如编写密码信。他们用闪电的速度工作，体系比恩尼格码机复杂得多，而且不会出错。当然，那种完美性依靠于操作员在一开始打进普通文本的信时不出错。

一种最老的计算机规则是"无用输入"和"无用输出"。

现代的特工不需要用手编写密码。他们把信打进内置计算机的无线电设备，计算机把他们需要的全部密码和关键词编程。

计算机给信加密码，在预定的时间发信。特工不需要在附近，所以如果发送被追踪，他也不会有危险。计算机使用频率跳跃技术，能让消息更难拦截。在预定的一系列频率上，用短促的脉冲发送。

137

这并不意味着特工不需要学习密码知识。如果无线电设备坏了或丢了，他们还得回到原来的老的传统方式上，直到有新的无线电设备。

这永远也不会坏。呼！

## 计算机作为译码人

计算机也在译码中顽强地行进。计算机的能力很强，可以分析频率，寻找重复句式，以惊人的速度试验关键词。

结果是，译码人如擅长解开密码，编码人必须创造更复杂的密码来打败解码人。尤其当人们发现怎样通过计算机对话时，这变得更加重要。

工作、工作、工作……

嗒！
嗒！

## 计算机安全

因特网和电子邮件的到来意味着每天有数以百万计的邮件发送，很容易被别人拦截阅读。商业、政府和想用网上信用卡的人都需要一种为他们的消息保密的方法。所以，编码人发明了只有计算机能用的特殊密码。要理解这些密码，你需要先理解计算机工作的原理。

## 内部秘密

尽管计算机表面上用词交流，在内部深处却是用数字。

但是它们的数字不像我们用的那样。我们用的是十进制的数字，用10进位，1111代表的是1000（$10 \times 10 \times 10$），100（$10 \times 10$），$10+1$。

计算机用二进制的数字，用2进位，所以1111代表的是8（$2 \times 2 \times 2$），4（$2 \times 2$），2加1。这叫做二进位的数字，由0和1组成。

| 十进制 | 二进制 | |
|---|---|---|
| 1 | 1 | 1个单元 |
| 2 | 10 | 1个2，0个单元 |
| 3 | 11 | 1个2，1个单元 |
| 4 | 100 | 1个4，0个2，0个单元 |
| 5 | 101 | 1个4，0个2，1个单元 |
| 6 | 110 | 1个4，1个2，0个单元 |
| 7 | 111 | 1个4，1个2，1个单元 |
| 8 | 1000 | 1个8，0个4，0个2，0个单元 |
| 9 | 1001 | 1个8，0个4，0个2，1个单元 |
| 10 | 1010 | 1个8，0个4，1个2，0个单元 |

计算机用叫"ASCII"的系统把字母变成符号或数字。得名于 American Standard Code for Information Interchange（美国情报互换标准密码）的首字母。字母的大写和小写有不同的密码数字。

| 字母 | 二进制 |
|---|---|
| c | 1100011 |
| a | 1100001 |
| t | 1110100 |
| C | 1000011 |
| A | 1000001 |
| T | 1010100 |

这样单词"cat"（猫）变成1100011　1100001　1110100

而单词"CAT"变成1000011 1000001 1010100

如果你把字母间的空格拿掉，"cat"就成了一个0和1的字符串，11000111100001 1110100

每个字叫一个字节，所以代表"cat"的字符串有21个字节长。

我是哪个字节？

## 计算机编码

　　如果你用计算机给信编码，首先会把信变成一串0和1的字符串，然后编码软件把字节转变成任何人都无法做到的复杂方式。

　　像SOE特工带着诗密码一样，计算机编码的真正方式是靠关键词，但却是用一串0和1的二进制写的。同样的字符串让另一台电脑解开密码。

　　加码软件不是机密的。有些系统，像DES和IDEA，被使用在全球的计算机上。但是系统太难破解，唯一灵活的破解密码信的方式就是找到关键词。

　　如果关键词只有两个字节长，只能是00、01、10或11。

小菜一碟，我的计算机马上可以看到是哪个。

如果有3个字节就有8种可能性，如果有4个字节就有16种可能性。所以字节越长越难找。如果的确很长，再神速的计算机也要花很长时间才能找到。

DES是第一个广泛使用的加码系统,有56个字节，所以有72 057 594 037 927 936种可能性。当DES在1976年开始使用的时候，即使最好的计算机也要用很长的时间才能测出密码，所以没有人能解开密码。

但是计算机越来越有用，因此测试关键词的时间越来越短，加码软件必须增加关键词的长度来产生更多的可能性。最近的系统叫IDEA，用128个字节做关键词，有
300 000 000 000 000 000 000 000 000 000 000 000
种不同的可能关键词。

## 关键词的难题

DES、IDEA和这本书里其他所有的密码都是对称的。这意味着加码和解码的关键词是一样的。这种体系听起来简单，却会产生问题。

如果你想要从计算机发一封加码的信给鲁克，你必须确保他知道关键词。如果你们见面你可以告诉他，不用给他一个字符串，而是给他一个密码。他的计算机就能把密码变成ASCII码的关键词。

如果你们不能见面，你必须发信把关键词寄给他。可以邮寄也可以托人送，但是路上可能被偷或丢失。

唯一的方法是把关键词直接发给他的计算机。所以你需要一个加码用的关键词，你必须告诉鲁克关键词，这又让问题回到原点。

## 开盒之谜

关键词难题让编码人一筹莫展。1976年，威特菲尔德·迪福和马丁·海尔曼有个好主意。假想有种加码的方法有两个关键词——一个用来加码，另一个用来解码。

他们的想法如下：首先鲁克发给你一个开着的盒子，你把信放进去，合上盖子，用暗码锁锁好。 然后把上锁的盒子寄给鲁克。

你的盒子和锁都不可能被打开，所以你的信彻底安全。你拿不到，船长也拿不到，即使他偷了盒子也打不开。鲁克是唯一知道怎么打开盒子的人，所以只有他可以读到信。

当然，计算机加码系统不用真正的盒子。在计算机上，鲁克用关键词解开密码，这一点谁都知道。他把这个叫做公开关键词。

如果你想要发密信给他，你用那个关键词加码。

但是这个加码系统不像DES那样对称——加码和解码不用相同的密码。这样没有人拦截到能用鲁克的公开密码解开的信。要读信，他们需要鲁克的私人密码，而这是很机密的。

威特菲尔德·迪福和马丁·海尔曼的主意真是不错。看起来似乎解决了重大的关键词难题，但是还有一个障碍——要让这个体系起作用，他们需要像盒子那样的加密系统，用一个关键词加码，用另一个解码。但是这种情况还不存在。

## 质数解决方法

解决方法是RSA——一个1977年发明的系统。根据是质数。

质数只能分成1和它本身。

用这种体系：

1. 想出两个质数。这是你的私人关键词。

2. 把你的质数相乘，答案是你的公开关键词。

乘叫做"单向功能"，你可以用计算器，但是那时，没有简单的方法可以把你的顺序倒过来得到原始的数字。唯一的方法是试试每个质数看能不能被乘积整除。

假如克瑞帕提克船长知道你的公开关键词是35。他数学很好，也知道质数是2，3，5，7，11……

> 2不能被5整除，3也不能，但是5和7可以，所以要找的就是5和7。

> 我同意。

不用很长时间，不是吗？他甚至不用计算机。所以35不是好的选择。

要让系统安全，你要用长一点的关键词。选用23 209和110 503，会给你一个公开关键词2 564 664 127，这太长了，即使计算机也要花点时间算出来你用的质数。

计算机变得越来越有用，也能更快捷地找到私人的关键词。要确保消息安全，加码软件用大量的质数，用试试凑凑的方法很难找到这些数。

当然如果有人发现能更方便更快捷地找到质数的方法，这种系统也会被颠覆。但是目前还没有人可以，或者即使可以，他们也在保持沉默。

## 加速程序

公开/私人关键词系统运行顺利，但有一个障碍。结果，主要用来发送关键词到另一种加码方式。

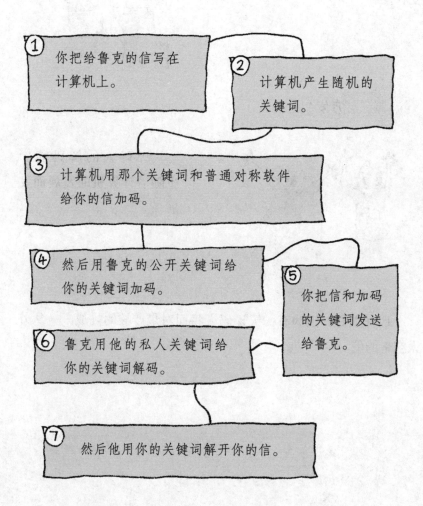

① 你把给鲁克的信写在计算机上。

② 计算机产生随机的关键词。

③ 计算机用那个关键词和普通对称软件给你的信加码。

④ 然后用鲁克的公开关键词给你的关键词加码。

⑤ 你把信和加码的关键词发送给鲁克。

⑥ 鲁克用他的私人关键词给你的关键词解码。

⑦ 然后他用你的关键词解开你的信。

这个体系非常安全，因为你每封信用的是不同的密码。这是特工的方法。同样的系统也让你妈妈的信用卡在网上购物时很安全。

## 将来更完美

随着计算机发展脚步的加快，计算机加码随时在改变和发展。

译码人的解码能力也随着计算机的发展而发展。

那样很好，因为有一天译码人将面对最严峻的挑战——从外太空来的信。

# 遭遇外星人

到现在为止，你发现破解密码依靠技术、耐心和运气。如果你知道这些会更有帮助——

> ▶ 写信的语言
> ▶ 发信人
> ▶ 可能的内容
> ▶ 至少可能有的一个词

## 外星人会怎么样？

尽管你在电视上看到过，外星人还是不可能会说英语。这不足为奇，因为我们的星球上大多数人也不会说。所以从外太空来的信将是——

> ▶ 用谁也不懂的语言写
> ▶ 从谁也不知道的地方来
> ▶ 谁也不认识的生物写的
> ▶ 在说谁也不知道的东西

149

那让解码人的日子很难过。但是在他们着手之前，必须破译点什么。

## 首先找到你的信

无线电波在宇宙中穿梭，外星人可能用这个发信。20世纪早期，人们相信有火星人存在，所以在宇宙中搜索火星人的信号。

开始的时候，他们认为找到了一些。但结果发现这是太空中自然存在的无线电波和雷电干扰。

现在，无线电望远镜在那种背景声音下，在太空中搜索信号。

## 接下来找到突破口

如果找不到信息，译码人的工作几乎不可能完成。就像人们解开象形字母一样，必须有突破口。

我们只能寄希望于：外星人自己会意识到这点，让工作简单点。

带一点小心的思考，他们意识到，如果我们能收到无线电信号，必须理解让它们起作用的科学和数学。也许简单的1+1=2能解开他们的密码。

## 同时

在等外星人的信的同时，密码专家有很多事情要做。计算机还没有代替世界上所有的密码，只是让密码更复杂。

有时译码人会有突破。

151

有时编码人有好主意。

编码人和译码人的争斗会永远继续。现在的分数是……

在密码的神秘世界里，没有人确定会发生的事。但是我们可以确信一件事——只要有秘密消息，就总是有解开密码的需要。

## "经典科学"系列（26册）

肚子里的恶心事儿
丑陋的虫子
显微镜下的怪物
动物惊奇
植物的咒语
臭屁的大脑
神奇的肢体碎片
身体使用手册
杀人疾病全记录
进化之谜
时间揭秘
触电惊魂
力的惊险故事
声音的魔力
神秘莫测的光
能量怪物
化学也疯狂
受苦受难的科学家
改变世界的科学实验
魔鬼头脑训练营
"末日"来临
鏖战飞行
目瞪口呆话发明
动物的狩猎绝招
恐怖的实验
致命毒药

## "经典数学"系列（12册）

要命的数学
特别要命的数学
绝望的分数
你真的会＋－×÷吗
数字——破解万物的钥匙
逃不出的怪圈——圆和其他图形
寻找你的幸运星——概率的秘密
测来测去——长度、面积和体积
数学头脑训练营
玩转几何
代数任我行
超级公式

## "科学新知"系列（17册）

破案术大全
墓室里的秘密
密码全攻略
外星人的疯狂旅行
魔术全揭秘
超级建筑
超能电脑
电影特技魔法秀
街上流行机器人
美妙的电影
我为音乐狂
巧克力秘闻
神奇的互联网
太空旅行记
消逝的恐龙
艺术家的魔法秀
不为人知的奥运故事

## "自然探秘"系列（12册）

惊险南北极
地震了！快跑！
发威的火山
愤怒的河流
绝顶探险
杀人风暴
死亡沙漠
无情的海洋
雨林深处
勇敢者大冒险
鬼怪之湖
荒野之岛

## "体验课堂"系列（4册）

体验丛林
体验沙漠
体验鲨鱼
体验宇宙

## "中国特辑"系列（1册）

谁来拯救地球